三菱电机自动化应用技术系列教材

数控机床操作与编程

李小笠　徐有峰　等编著

机 械 工 业 出 版 社

本书从数控加工的实用角度出发，以 MITSUBISHI CNC 控制器 M70 和 M80 系列为例，主要讲述数控技术概论、数控加工编程基础、数控编程常用指令、数控车床的编程与操作、加工中心编程与操作以及数控系统的操作与应用等内容。本书以项目驱动的形式讲述相关知识，精选了大量的典型编程实例，力求突出应用性、实用性，使理论教学与实践教学相结合，并试图引导教学过程按照实际生产过程来进行。本书每章均附有练习题，并给出了数控车床和加工中心的多套练习试卷，以便学生课后自行练习。

本书可以作为应用型本科数控技术及应用、机电一体化专业学生的教材，也可以作为高职高专以及职业技能培训的配套教材，还可以供企业从事数控技术开发及应用的工程技术人员参考。

图书在版编目（CIP）数据

数控机床操作与编程/李小笠，徐有峰等编著. —北京：机械工业出版社，2015.12（2022.1 重印）
三菱电机自动化应用技术系列教材
ISBN 978-7-111-54802-7

Ⅰ.①数… Ⅱ.①李…②徐… Ⅲ.①数控机床-操作-职业教育-教材②数控机床-程序设计-职业教育-教材
Ⅳ.①TG659

中国版本图书馆 CIP 数据核字（2016）第 214294 号

机械工业出版社（北京市百万庄大街 22 号 邮政编码 100037）
策划编辑：林春泉 责任编辑：林春泉
封面设计：路恩中 责任校对：胡艳萍
责任印制：郜 敏
北京盛通商印快线网络科技有限公司印刷
2022 年 1 月第 1 版·第 3 次印刷
184mm×260mm·12.25 印张·295 千字
3 501—4 000 册
标准书号：ISBN 978-7-111-54802-7
定价：39.00 元

凡购本书，如有缺页、倒页、脱页，由本社发行部调换

电话服务	网络服务
服务咨询热线：010-88361066	机 工 官 网：www.cmpbook.com
读者购书热线：010-68326294	机 工 官 博：weibo.com/cmp1952
010-88379203	金 书 网：www.golden-book.com
封面无防伪标均为盗版	教育服务网：www.cmpedu.com

前　言

本书是“三菱电机自动化应用技术系列教材”之一，由南京工程学院工业中心组织编写。全书共6章。第1章主要讲述数控技术的基础知识；第2章讲述数控机床的相关知识，包括数控机床分类、机床坐标系以及机床各个组成部分；第3章主要介绍了编程的基本知识，包括编程方法、程序组成及格式等；第4章主要介绍了数控车床的加工过程、加工工艺基础以及手工编程知识，包括编程规范、指令引用以及编程方法等；第5章由浅入深地讲述了加工中心的编程和操作；第6章介绍了装有三菱M70和M80 CNC控制器的加工中心控制面板操作。全书综合性强，前后各章结合紧密。书中精选了大量的典型实例，可操作性很高。

本书的程序设计均以目前广泛使用的三菱CNC控制器M70和M80系列为例。全书详细讲解了数控车床和加工中心的各项指令格式、程序规范以及注意事项，使读者容易了解其指令用法，进而活用设计程序。全书以大量图形来配合讲解，同时辅以经过分类编排的编程实例，可以让读者快速上手。

此外，书后附有多套数控车和加工中心的练习试卷，便于读者学习后进行自我检验。本书的一大亮点还在于附录，给读者提供了程序设计时所需的大部分资料，减少程序设计时寻找资料的时间，从而高效率、高质量地完成数控编程和加工技术的学习。

本书主要基于数控编程应用，突出实践环节，便于读者尽快熟悉数控车床和加工中心的操作编程。本书是应用型本科数控技术以及机电一体化专业通用教材，也适合于高职高专数控专业和机电一体化专业，还可以作为数控加工技术人员的参考用书。

本书在编写过程中，引用和参考了大量的文献资料。限于篇幅，书后只列出了主要参考文献，如有遗漏，谨向作者致歉。

本书的编写执笔人如下：第1章、第2章、3章、6章以及附录由李小笠编写，第4、5章由徐有峰编写，练习试卷由孙强编写。全书由李小笠负责最后的统稿；郁汉琪教授负责全书的审定。本书的编写还得到了三菱电机CNC事业部牛泽贤司部长、手嶋健夫部长的关心和支持，以及出版社编辑的辛勤劳动，工业中心实训基地的相关老师进行了实际论证，在此一并表示衷心的感谢。

由于编写人员水平有限，书中还有很多不足或错误，欢迎读者批评指正（意见请发邮箱 lixiaoli@njit.edu.cn）。

编　者

2016年9月

目　录

第 1 章　数控技术概述

1.1　数控简介

1.1.1　什么是数控技术

数控是数字控制（Numerical Control）的简称，简写为 NC。它是指用数字、文字和符号组成的数字指令来控制一台或多台机械设备动作的技术，所控制的通常是位置、角度、速度等机械量和与机械能量流向有关的开关量。数控的产生主要取决于数据载体和二进制形式数据运算的出现。

最初，有关加工的数值信息预先被记录在打孔纸带或磁带里，存入 NC 控制单元的内存中，经过 NC 数据处理回路将代码数据（Code Data）转换成脉冲指令（Pulse Data），作为伺服系统的输入信号，驱动机床进行工作。由于当时的计算机运算速度低，不能适应机床适时控制的要求，所以人们采用电子元件来构成专门的逻辑部件，也称为硬件连接数控（Hardware NC）。

到了 20 世纪 70 年代，计算机运算速度有了大幅提升，因此，逐步采用计算机作为数控系统的核心部件，此时的数控也被称为计算机数控（Computer Numerical Control），简称 CNC。这种技术用计算机按事先存储的控制程序来执行对设备的控制功能。由于采用计算机替代原先用硬件逻辑电路组成的数控装置，使输入数据的存储、处理、运算、逻辑判断等各种控制机能的实现均可通过计算机软件来完成。

1.1.2　数控零件加工流程

数控零件加工流程如下：

1）依据零件图样确定工件装夹方式及加工所需的刀具。

2）编制零件的加工程序作为数控机床的工作指令。

3）将加工程序输入数控系统中，由控制系统将加工程序转化为指令脉冲，控制伺服系统，指示 CNC 机床执行加工，制造出产品。

数控零件的加工流程图如图 1-1 所示。

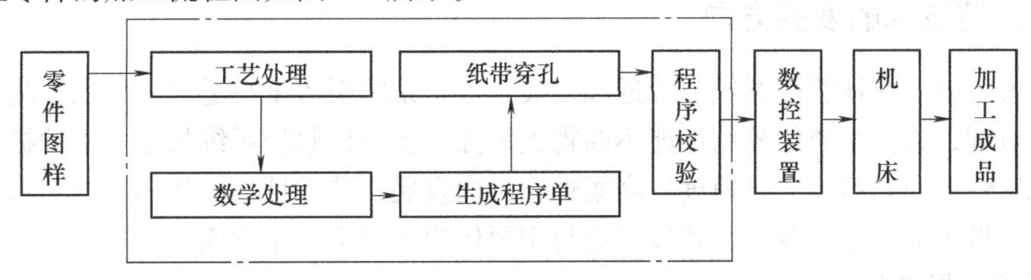

图 1-1　数控零件加工流程图

CNC 机床在程序输入完成后，执行加工任务前一般需要经过程序预演与试加工，以修正错误的程序段和各项误差。程序修正完成后即可进行正式的加工生产。

1.2 数控技术的发展

1.2.1 数控技术的发展历史

从20世纪50年代以来，数控技术的发展已经走过了一段较长的发展历程，尤其是数控技术的应用促进了金属工业的发展。近年来，随着汽车工业、航空工业等精密工业的发展，数控技术更是扮演了重要的角色。整个数控技术的发展历史归纳如下：

1. 数控阶段（NC 阶段）

1）1949 年，美国 Parson 公司与麻省理工学院合作，历时三年研制出能进行三轴控制的数控铣床样机，命名为“Numerical Control”。

2）1953 年，麻省理工学院开发出只需确定零件轮廓和指定切削路线，即可生成 NC 程序的自动编程语言。

3）1959 年，美国 Keaney & Trecker 公司成功开发了带刀库、能自动进行换刀的数控机床，称为加工中心（Machining Center，简称 MC），使数控系统进入了第二代。

4）1965 年，出现了第三代的集成电路数控装置。它不仅体积小，功率消耗少，且可靠性得到提高，价格进一步下降，促进了数控机床品种和产量的发展。

2. 计算机数控阶段（CNC 阶段）

1）20 世纪 60 年代末，出现了采用小型计算机控制的计算机数控系统（简称 CNC），使数控装置进入了以小型计算机化为特征的第四代数控系统时代。此后还出现了由一台计算机直接控制多台机床的直接数控系统（简称 DNC），又称群控系统。

2）1974 年，研制成功使用微处理器和半导体存贮器的微型计算机数控装置（简称 MNC，Micro CPU NC），这是第五代数控系统。

3）20 世纪 80 年代初，随着计算机软、硬件技术的发展，出现了能进行人机对话式自动编制程序的数控装置。数控装置越来越趋小型化，可以直接安装在机床上。数控机床的自动化程度进一步提高，具有自动监控刀具破损和自动检测工件等功能。

4）20 世纪 90 年代后期，出现了 PC + CNC 智能数控系统，即以 PC 为控制系统的硬件部分，在 PC 上安装 NC 软件系统。此种方式系统维护方便，易于实现网络化制造。数控系统进入了基于 PC 时代。

1.2.2 数控技术的发展方向

随着人工智能在计算机领域的渗透和发展，数控系统引入了自适应、模糊系统和神经网络等控制机理，数控系统的控制性能不断得到增强。新一代数控系统技术水平的提升，促进了数控机床性能向高精度、高速度、高柔性化方向发展，使柔性自动化加工技术水平不断提高。当前，世界数控技术及其装备发展趋势主要体现在以下几个方面：

1. 性能发展方向

（1）高速高精高效化

速度、精度和效率是机械制造技术的关键性能指标。由于采用了高速 CPU 芯片、RISC 芯片、多 CPU 控制系统以及带高分辨率绝对式检测元件的交流数字伺服系统，同时采取了改善机床动态、静态特性等有效措施，使机床的速度、精度和效率大大提高。

（2）柔性化

柔性化包含两个方面：一是指数控系统本身的柔性。数控系统采用模块化设计，功能覆盖面大，可剪裁性强，便于满足不同用户的需求；二是群控系统的柔性。同一群控系统能依据不同生产流程的要求，使物料流和信息流自动进行动态调整，从而最大限度地发挥群控系统的效能。

（3）工艺复合性和多轴化

以减少工序、辅助时间为主要目的的复合加工正朝着多轴、多系列控制功能方向发展。数控机床的工艺复合化是指工件在一台机床上一次装夹后，通过自动换刀、旋转主轴头或转台等各种措施，完成多工序、多表面的复合加工。

（4）实时智能化

早期的实时系统通常针对相对简单的理想环境，其作用是如何调度任务，确保任务在规定期限内完成。而人工智能则试图用计算模型实现人类的各种智能行为。科学技术发展到今天，实时系统和人工智能相互结合。人工智能正向着具有实时响应的、更现实的领域发展，而实时系统也朝着具有智能行为的、更加复杂的应用发展，由此产生了实时智能控制这一新的领域。

2. 功能发展方向

（1）用户界面图形化

用户界面是数控系统与使用者之间的对接口。由于不同用户对界面的要求不同，因而开发用户界面的工作量极大，使用户界面成为计算机软件研制中最困难的部分之一。图形用户界面极大地方便了非专业用户的使用，使人们可以通过窗口和菜单进行操作，便于蓝图编程和快速编程、三维彩色立体动态图形显示、图形模拟、图形动态跟踪和仿真、不同方向的视图和局部显示比例缩放功能的实现。

（2）科学计算可视化

科学计算可视化可用于高效处理数据和解释数据，使信息交流不再局限于用文字和语言表达，而可以直接使用图形、图像、动画等可视信息。在数控技术领域，可视化技术可用于 CAD/CAM，如自动编程设计、参数自动设定、刀具补偿和刀具管理数据的动态处理与显示，以及加工过程的可视化仿真演示等。

（3）插补和补偿方式多样化

多种插补方式，如直线插补、圆弧插补、圆柱插补、空间椭圆曲面插补、螺纹插补、极坐标插补、2D+2 螺旋插补、NANO 插补、NURBS 插补（非均匀有理 B 样条插补）、样条插补（A、B、C 样条）、多项式插补等。多种补偿功能，如间隙补偿、垂直度补偿、象限误差补偿、螺距和测量系统误差补偿、与速度相关的前馈补偿、温度补偿、带平滑接近和退出以及相反点计算的刀具半径补偿等。

3. 体系结构发展方向

（1）集成化

采用高度集成化 CPU、RISC 芯片和大规模可编程序集成电路 FPGA、EPLD、CPLD，以及专用集成电路 ASIC 芯片，可提高数控系统的集成度和软硬件运行速度。应用（FPD，Flat Panel Display）平板显示技术，可提高显示器性能。应用先进封装和互连技术，将半导体和表面安装技术融为一体。通过提高集成电路密度、减少互连长度和数量来降低产品价格，改进性能，减小组件尺寸，提高系统的可靠性。

（2）模块化

根据不同功能需求，将基本模块，如 CPU、存储器、位置伺服、PLC、输入输出接口、通信等模块，制成标准的系列化产品，通过积木方式进行功能裁剪和模块数量的增减，构成不同档次的数控系统。

（3）网络化

机床联网可进行远程控制和无人化操作。通过机床联网，可在任何一台机床上对其他机床进行编程、设定、操作、运行，不同机床的画面可同时显示在每一台机床的屏幕上。

1.3　思考题

1. 什么是数控技术？
2. NC 和 CNC 有何区别？
3. 用数控机床加工零件的过程是什么？

第2章　数控机床简介

2.1　数控机床的分类

无论数控机床是用于车削、铣削、钻削还是镗孔、研磨……，基本都可以按照以下类型进行划分。

2.1.1　按加工工艺方法分

1. 金属切削类数控机床

金属切削机床是采用切削的方法把金属毛坯加工成机器零件的机器。像传统的车、铣、钻、磨、齿轮加工等都属于金属切削加工，与之对应的数控机床有数控车床、数控铣床、数控钻床、数控磨床、数控齿轮加工机床等。尽管这些数控机床在加工工艺方法上有差异，具体的控制方式也各不相同，但机床的动作和运动都是数字化控制，具有较高的生产率和自动化程度。

2. 特种加工类数控机床

特种加工也称“非传统加工”或“现代加工”，泛指用电能、热能、光能、电化学能、化学能、声能及特殊机械能等能量达到去除或增加材料的加工方法，从而实现材料被去除、变形、改变性能或被镀覆等。特种加工数控机床包括数控电火花线切割机床、数控电火花成形机床、数控等离子弧切割机床、数控火焰切割机床以及数控激光加工机床等。

3. 板材加工类数控机床

主要是对金属板进行加工，相应的数控机床有数控压力机、数控剪板机和数控折弯机等。

2.1.2　按控制运动轨迹分

1. 点位控制数控机床（Point to Point Control）

点位控制又称为定位控制（Positioning Control），即在工件上确定一个或多个点，使刀具经过点到点的移动到达目标点，在移动和定位过程中不进行任何加工。机床数控系统只控制行程终点的坐标值，不控制点和点之间的运动轨迹，因此几个坐标轴之间的运动无任何联系。可以几个坐标同时向目标点运动，也可以各个坐标单独依次运动，如图2-1所示。这类数控机床主要有数控坐标镗床、数控钻床、数控压力机、数控点焊机等。

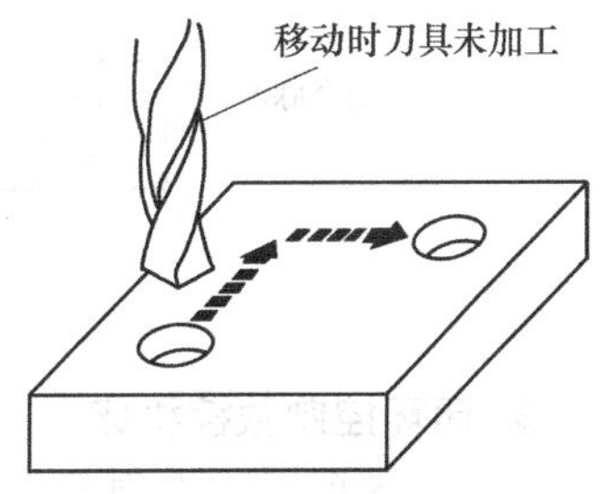

图2-1　数控钻床加工示意图（点位控制数控机床）

2. 直线控制数控机床（Straight Cutting Control）

刀具可由一轴或两轴以上同时控制，完成直线切削。由于刀具移动的同时需要完成实际的切削工作，因此必须给定进给速度，如图 2-2 所示。这种类型的控制多用于数控铣床、数控镗床等。

3. 轮廓控制数控机床（Contouring Cutting Control）

这类控制又称为连续性控制（Continuously Control）。它可以同时控制两轴或数轴移动，而将工件加工成要求的各种变化曲线和各种斜度所构成的轮廓形状。它不仅能控制机床移动部件的起点和终点坐标，而且能控制整个加工轮廓每一点的速度和位移，如图 2-3 所示。常用的数控车床、数控铣床、数控磨床就是典型的轮廓控制数控机床。数控火焰切割机、电火花加工机床以及数控绘图机等也采用了轮廓控制系统。

轮廓控制系统的结构要比点位、直线控制系统更为复杂，在加工过程中需要不断进行插补运算，然后进行相应的速度和位移控制。

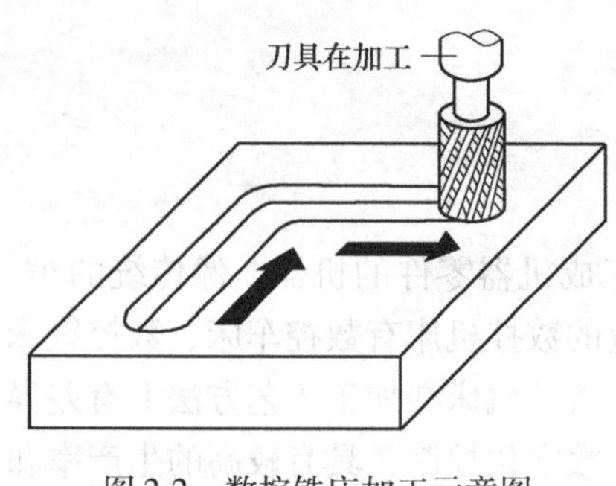

图 2-2　数控铣床加工示意图
（直线控制数控机床）

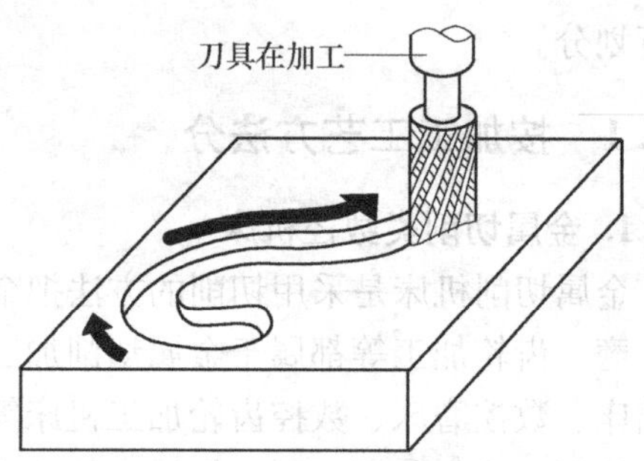

图 2-3　数控铣床加工示意图
（轮廓控制数控机床）

2.1.3　按伺服驱动系统分

1. 开环控制数控机床

具有此类控制的数控机床在其控制系统内没有位置检测元件，伺服驱动部件通常为反应式步进电动机或混合式伺服步进电动机。

如图 2-4 所示是开环控制数控机床的系统框图。工作台在接受控制指令后移动到一定位置上，但最终工作台所在的位置是否是预先设定的位置，则无法确定。因此，这类控制的加工精度，必须依靠机床本身的精度。开环控制系统仅适用于加工精度要求不高的中小型数控机床，特别是简易经济型数控机床。

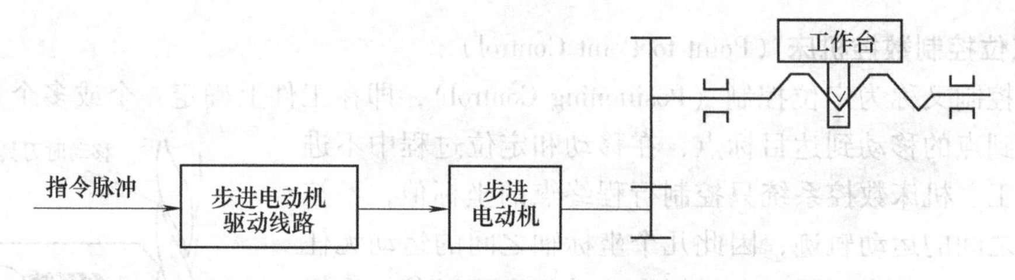

图 2-4　开环控制数控机床的系统框图

2. 闭环控制数控机床

如图 2-5 所示，将测量的实际量与输入的指令值比较，用差值对机床进行控制，使移动部件按照实际需要的位移量运动，最终实现移动部件的精确运动和定位。

闭环系统与开环系统的区别在于增设了位置测量反馈系统。前者可以由位置测量反馈系统来达到所需的定位精度，而后者则只有依靠机床本身的精度。闭环系统的定位精度高，但调试和维修都会增加难度，系统复杂，成本高。

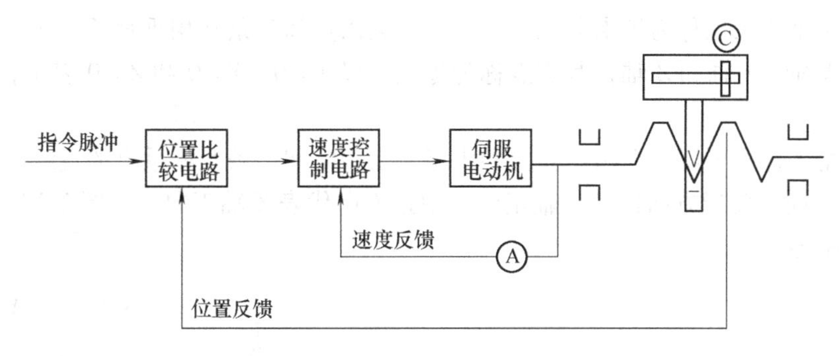

图 2-5　闭环控制数控机床的系统框图

3. 半闭环控制数控机床

半闭环控制数控机床是在伺服电动机的轴或数控机床的传动丝杠上安装角位移电流检测装置（如光电编码器等），通过检测丝杠的转角间接地检测移动部件的实际位移，然后反馈到数控装置中去，并对误差进行修正。

如图 2-6 所示是半闭环控制数控机床的系统框图。通过测速元件 A 和光电编码盘 B 可间接检测出伺服电动机的转速，从而推算出工作台的实际位移量，将此值与指令值进行比较，用差值来实现控制。由于工作台没有包括在控制回路中，因而被称为半闭环控制数控机床。

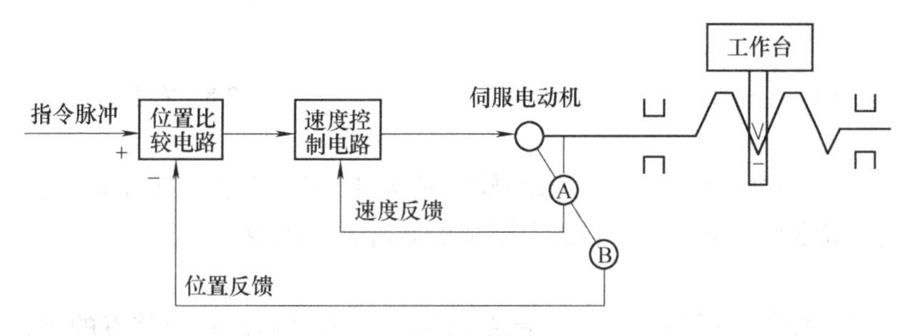

图 2-6　半闭环控制数控机床的系统框图

半闭环控制数控系统的精度没有闭环高，但调试更方便，并且具有很好的稳定性。目前大多将角度检测装置和伺服电动机设计成一体，使结构更加紧凑。

4. 混合控制机床

将以上三类数控机床的特点结合起来，就形成了混合控制数控机床。混合控制数控机床特别适合大型或重型数控机床，因为大型或重型数控机床需要较高的进给速度与相当高的精度，其传动链惯量与力矩大，如果只采用全闭环控制，机床传动链和工作台全部置于控制闭环中，闭环调试比较复杂。

2.2　数控机床坐标系

数控机床根据几何坐标来确定其刀具运动路径，因此坐标系统对程序设计尤为重要。

2.2.1 右手直角坐标系

右手直角坐标系也称为笛卡儿三轴坐标系。它由空间三条互相垂直的直线所构成，三条直线分别为 X 轴、Y 轴和 Z 轴，其交点称为零点，以 $X=0$、$Y=0$ 和 $Z=0$ 表示，如图2-7所示。

右手直角坐标系可以用拇指、食指和中指来表示空间三条互相垂直的直线，其中拇指方向代表 X 轴正向，食指方向代表 Y 轴正向，中指方向代表 Z 轴正向，如图2-8所示。三根指头的交点即是零点。

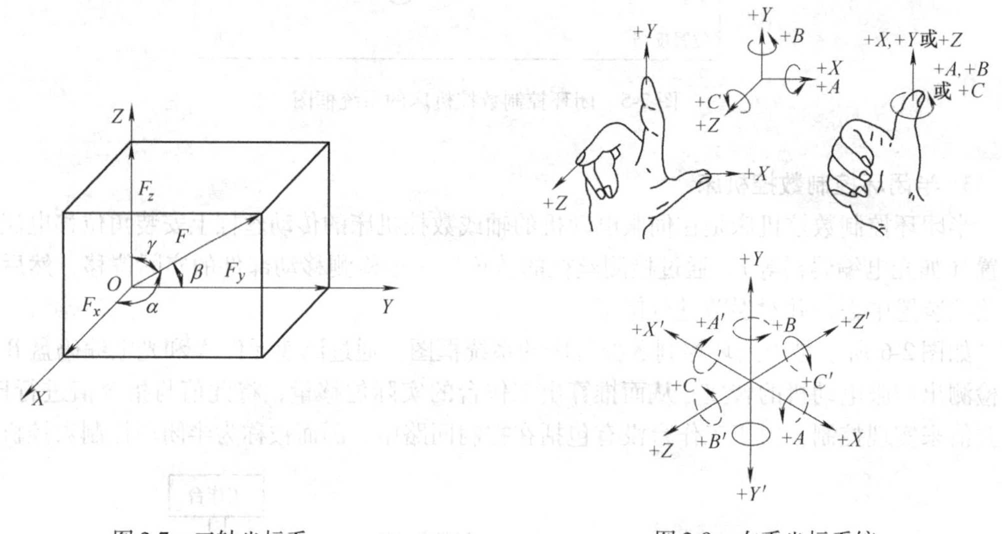

图2-7 三轴坐标系

图2-8 右手坐标系统

如果有旋转轴，规定绕 X、Y、Z 轴的旋转轴为 A、B、C 轴，其方向为右旋螺纹方向。旋转轴的原点一般定在水平面上。若还有附加的旋转轴时用 D、E 表示，这与直线轴没有固定关系。

CNC加工程序如果利用右手直角坐标系来建立，则刀具每一位移点的坐标值，必须要根据坐标系的零点（即工件的坐标零点）来建立。当然，也可以不考虑坐标零点，而采用刀具每次实际位移量来设计程序。

2.2.2 位移控制坐标系

数控机床的位移控制程序指令均采用下面两种坐标系，即

1. 绝对坐标系（Absolute System）

以零点（0，0，0）为各轴向位移点的计算基准，工作台每次根据零点来进行定位，所有移动指令均来自与零点的绝对距离，如图2-9a所示。A、B两点的坐标均以固定的坐标原点 O 进行计算，坐标值分别为 $X_A=10$，$Y_A=10$，$X_B=50$，$Y_B=40$。

2. 增量坐标系（Incremented System）

增量坐标系也称为相对坐标系。若刀具（或机床）运动轨迹的坐标值是以相对于前一位置（或起点）来计算的，即为增量坐标。该坐标系即为增量坐标系。通常用符号 U、V、W 分别表示增量坐标系中与 X、Y、Z 平行且同向的坐标轴。图2-9b中，B点相对于A点的

增量坐标分别为 $U=40$，$V=30$。

在加工编程过程中，绝对值和增量值可以同时使用。在绝对坐标系中，若有定位误差，并不影响下一位置点的定位。但在增量坐标系中，前一位置点的误差会影响到以后各点的定位，因此，在使用增量坐标系时必须特别留意。

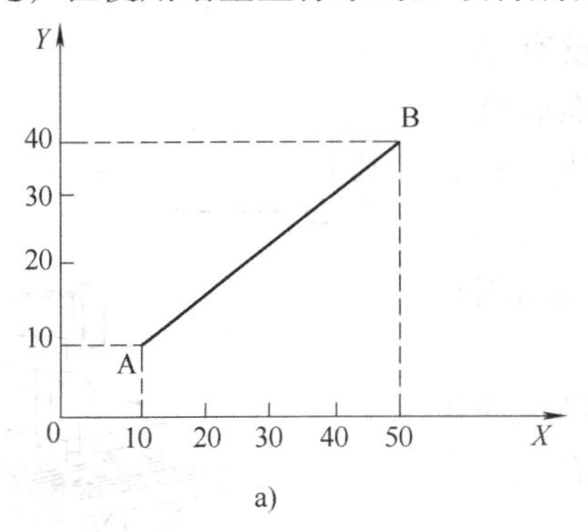

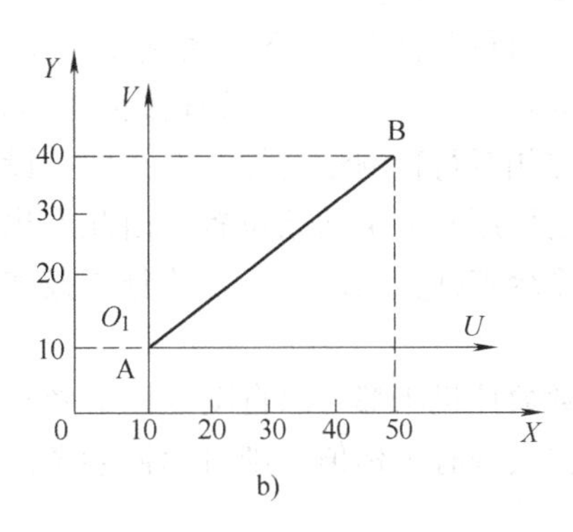

图 2-9　位移控制坐标系

a）绝对坐标系　b）增量坐标系

增量坐标与绝对坐标的使用并没有一定的规律可循，一般以加工要求来决定。比如，加工的各个点与一基准原点有相对关系时，宜采用绝对坐标系，尤其在斜线等运动指令中，因三角关系所求得各轴向的坐标值，均采用四舍五入的方法，如果采用增量坐标系，点积累的越多，造成的误差也越大。

原则上可以根据加工图上的尺寸标注方法与程序设计需要来衡量到底使用哪种坐标系合适，如图 2-10 所示。

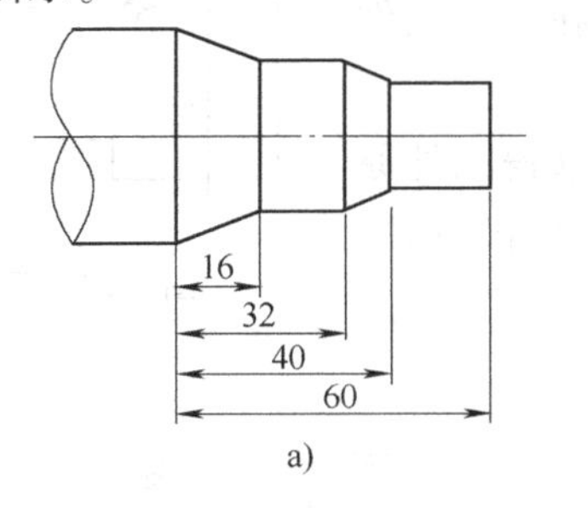

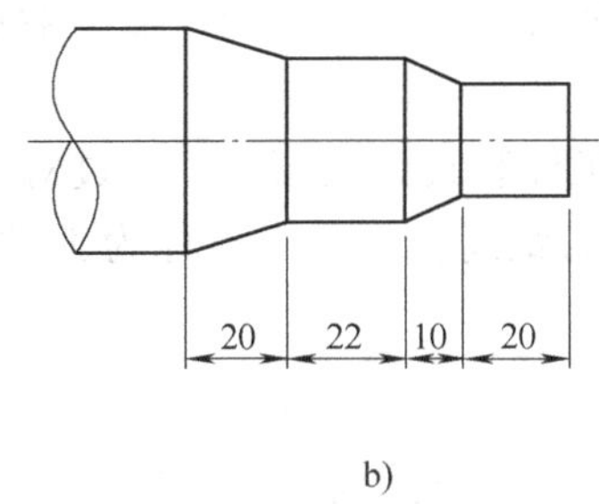

图 2-10　绝对值和增量值的工件标注

a）绝对值标注　b）增量值标注

2.2.3　机床坐标系

机床坐标原点是指在机床上设置的一个固定点，即机床坐标系的原点（Machine Origin 或 Home Position，用 M 表示）。它在机床装配、调试时就已确定，是数控机床进行加工运动的基准参考点。立式数控铣床的机床原点为主轴中心线与工作台台面的交点，数控车床的机床原点通常在主轴装法兰盘的端面中心点上，如图 2-11 所示。

大多数情况下，当刀具和工件装夹好以后，机床的原点已经不可能再返回。因此，需要设定一个参考点，这就称为机床参考点（Reference Point，用 R 表示）。机床参考点 R 是由机床制造厂家定义的点，R 和 M 的位置关系固定，其位置参数存放在数控系统中。当数控系统启动后，都要执行返回参考点 R，由此建立各种坐标系。

机床参考点 R 的位置是在每个轴上用挡块和限位开关精确地预先确定好，参考点 R 多位于加工区域的边缘，一般来说，加工中心的参考点为机床的自动换刀位置。

在绝对行程测量的控制系统中，参考点是没有必要的。因为每一个瞬间都可以直接读出运动轴的准确坐标值。但在相对行程测量的控制系统中，设置参考点是有必要的。它可用来确定起始位置。由此看出，参考点是用来对测量系统定标，用以校正、监督床鞍和刀具运动的测量系统。

多数数控机床都可以自动返回参考点。若因断电使控制系统失去现有坐标值，则可返回参考点，并重新获得准确的位置值。

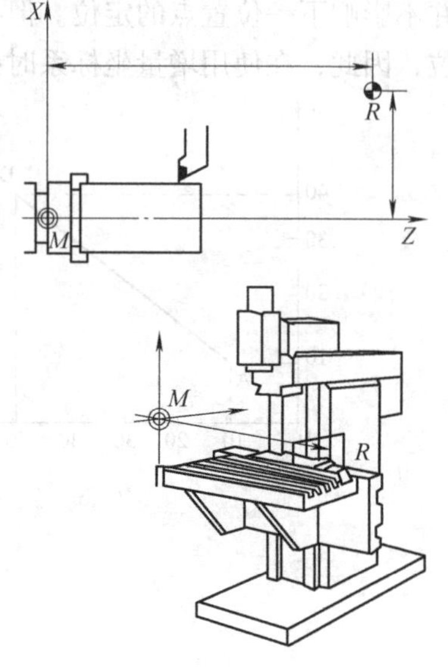

图 2-11　数控车床和立式数控铣床的机床原点及参考点

2.2.4　工件坐标系

开始编写加工程序前，必须指定一个原点，使工件坐标信息可以相对它确定。在加工程序中可以用路径功能和坐标确定工件轮廓。这个坐标系称为工件坐标系。其原点就是工件原点（Part Origin），也称编程零点。与机床坐标系不同，工件坐标系是编程者自己设定的。

如图 2-12 所示，在数控车床工件坐标系中，X 向起点一般选在工件的回转中心，而 Z 向起点一般选在完工工件的右端面（O 点）或左端面（O'点）。

在加工时，工件装夹到机床上，通过对刀求得工件原点和机床原点间的距离。这个距离称为工件原点偏置量，如图 2-13 所示。

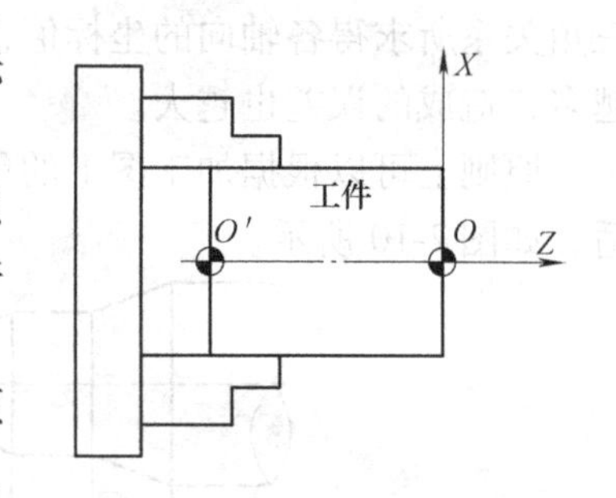

图 2-12　工件坐标系

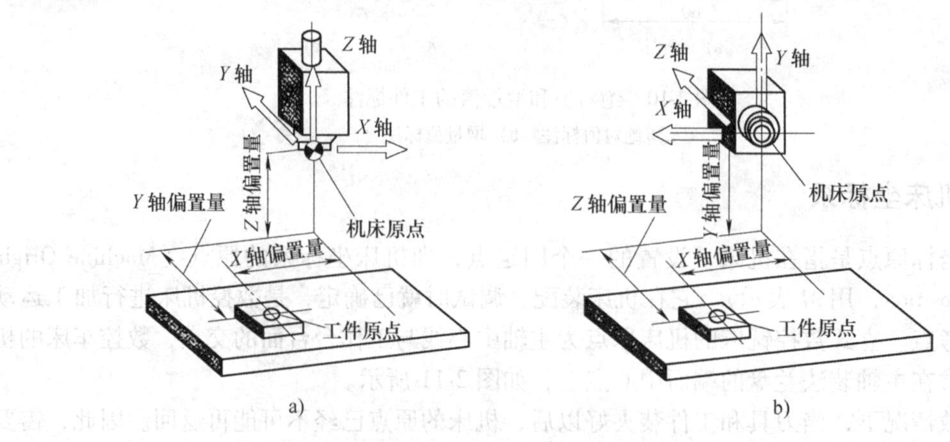

图 2-13　机床坐标系与工件坐标系之间的关系

a）立式加工中心坐标系　b）卧式加工中心坐标系

2.3　数控机床的构成

数控机床一般由机床本体、数控系统、伺服系统、检测反馈系统、输入/输出设备等组成，如图 2-14 所示。

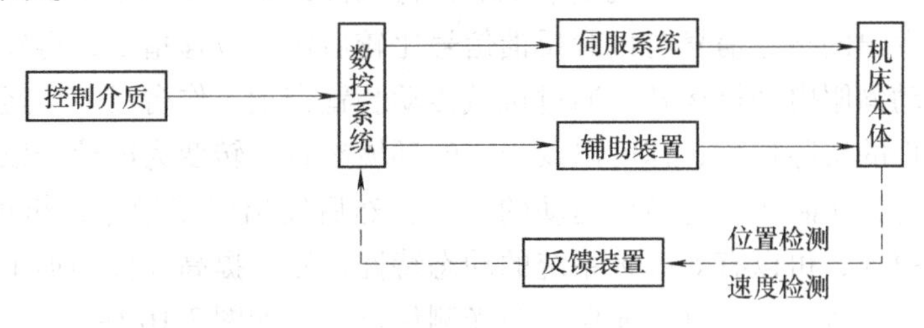

图 2-14　数控机床的组成框图

2.3.1　机床本体

机床本体包括主运动系统，进给运动系统，基础支承部件以及冷却、润滑、转位和夹紧等辅助装置。对于加工中心，机床本体还有存放刀具的刀库、交换刀具的机械手等部件，如图 2-15 所示为 JCS-018 立式镗铣加工中心。

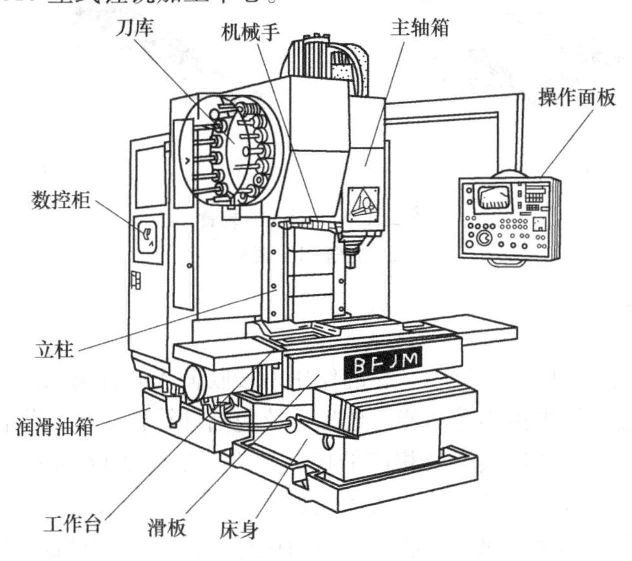

图 2-15　JCS-018 立式镗铣加工中心

1. 主运动系统

包括动力源、传动件及主运动执行件，即主轴等。其功能是将驱动装置的运动及动力传递给执行件，实现主切削运动。

2. 进给运动系统

包括动力源、传动件以及进给运动执行件（工作台、刀架）等，其功能是将伺服驱动装置的运行与动力传递给执行件，实现进给切削运动。

3. 基础支承部件

基础支承部件是指床身、立柱、导轨、滑座、工作台等。它支承机床的各主要部件，并使它们在静止或运动中保持相对正确的位置。

2.3.2　伺服系统

伺服系统是数控系统的执行部分，它包括伺服电动机、驱动控制系统、机械传动装置、位置检测和反馈装置等。伺服电动机是系统的执行元件，驱动控制系统则是伺服电动机的动力源。数控系统发出的指令信号与位置反馈信号比较后作为位移指令，再经过驱动控制系统的功率放大，驱动伺服电动机运转，通过机械传动装置带动工作台或刀架运动。检测反馈装置是检测运动部件的实际位移、速度以及当前的环境参数，转变为电信号以后反馈给数控系统。通过比较，得到实际运动与指令运动的误差，然后发出误差指令，纠正所产生的误差。检测反馈装置的引入，可以有效改善系统的动态特性，极大提高零件的加工精度。检测反馈装置主要使用感应同步器、磁栅、光栅、激光测量仪等，如图 2-16 所示。

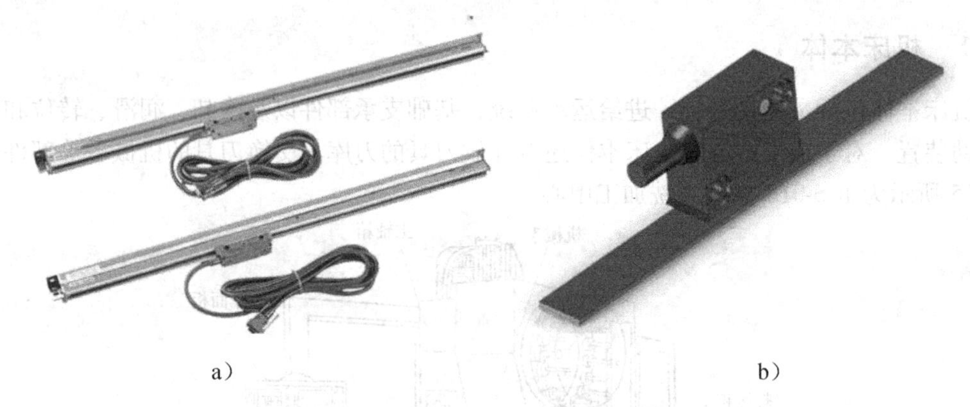

a）　　b）

图 2-16　检测反馈装置

a）光栅　b）磁栅

2.3.3　数控系统

数控系统是数控机床的控制核心。它的作用是接收输入装置输入的加工信息，完成数值计算、逻辑判断、输入输出控制等功能。数控系统包括计算机系统、位置控制板、PLC 控制板、通信接口板、特殊功能模块以及相应的控制软件，如图 2-17 所示。目前数控系统一般使用多个微处理器，以程序化的软件形式实现数控功能。数控系统是一种位置控制系统，根据输入数据插补出理想的运动轨迹，然后输出到执行部件加工出所需的零件。

2.3.4　控制介质

用于记载零件加工的工艺过程、工艺参数和位移数据等各种加工信息，从而控制机床的运动，实现零件的机械加工。常用的信息载体有穿孔纸带、磁带、磁盘等，并通过输入机将记载的加工信息输入到数控系统中。有些数控机床也可采用操作面板上的按钮和键盘直接输入加工程序，或通过串行口将计算机上编写的加工程序输入到数控系统中。数控机床常用的控

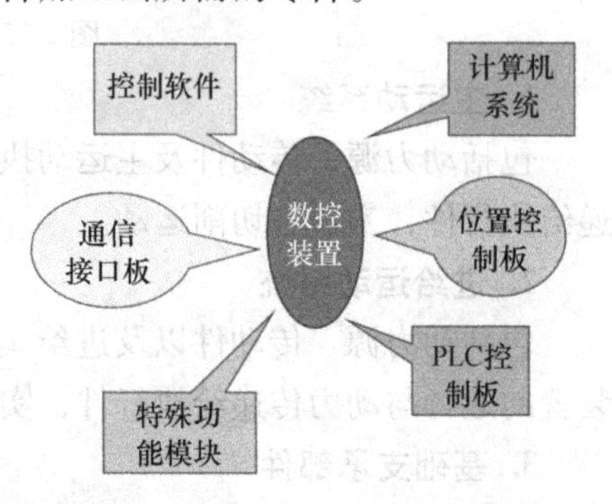

图 2-17　计算机数控系统装置组成

制介质和输入/输出装置见表 2-1。

表 2-1　数控机床常用的控制介质和输入/输出装置

控制介质	输入/输出装置
穿孔纸带（过时、淘汰）	对于穿孔纸带，配用光电阅读机（过时、淘汰）
盒式磁带（过时、淘汰）	对于盒式磁带，配用录放机（过时、淘汰）
磁盘、软盘、U 盘	对于软磁盘，配用软盘驱动器和驱动卡
通信	现代数控机床还可以通过手动方式（MDI 方式）

2.3.5　辅助装置

辅助装置是指数控机床的一些配套部件，包括自动换刀装置（Automatic Tool Changer，简称为 ATC）、自动交换工作台机构（Automatic Pallet Changer，简称为 APC）、工件夹紧放松机构、回转工作台、液压控制系统、润滑装置、切削液装置、排屑装置、过载和保护装置等。

2.4　数控机床的优点

数控机床比一般传统式机床的价格要贵，因此增加了购置成本。尽管有这一缺点，但在技术工人缺乏、人工成本日益昂贵、市场竞争愈加激烈的今天，数控机床仍具有相当的经济价值，尤其在自动化领域，数控机床已成为制造业不可或缺的工具。概括起来，采用数控机床有以下几方面的好处：

1. 节省前期准备费用和时间

前期费用是指从接到加工图到准备开始加工的时间，包括夹具设计、制造、刀具准备等。由于省去了一些特别的工装模具和夹具，因此可以节省可能长达数月的设计制造时间。同时因夹具和模具大幅减少，相对的管理费用也变少。

2. 减少加工费用

数控机床在运转过程中，绝大部分时间均应用于正确的切削，所需调整的时间减少。工作人员可以同时从事其他准备工作，提高了机器的使用价值，降低加工费用。

3. 可加工形状复杂的零件

普通机床难以实现或无法实现轨迹为三次以上的曲线或曲面的运动，难以加工螺旋桨、汽轮机叶片之类的空间曲面；而数控机床则可实现几乎是任意轨迹的运动和加工任何形状的空间曲面，适应于复杂异形零件的加工。

4. 提高生产效率

数控机床根据一定的加工程序指令进行加工。一旦程序确定，就可以制造出相同规格的产品，提高了生产效率。数控机床由材料到完成加工所需的时间比普通机床可以缩短 30%～40%。

5. 减少库存压力

数控机床只需要更换加工程序就可以变换加工产品，因此，机动性极高。传统加工方法往往因为人员、设备能力的限制，同一产品必须保持一定的库存量，以适应市场需求。利用数控机床进行加工，可减少库存的压力，节省库存费用。

6. 人员训练费用减少

传统加工方法需要靠熟练的技术人员才能做出完美的产品。人员培养的过程需要花费相当的时间与可观的费用。使用数控机床，只要程序设计正确、刀具选择适当，任何人都可以轻松地从事加工制造工作，因此大幅减少了人员训练费用。

7. 刀具寿命提高

数控机床的主轴转速与进给速度均可由程序来控制，因此刀具可以在最理想的条件下进行切削，不但提高刀具寿命，加工精度也随之提高。

8. 正确的成本预估和工程进度

使用数控机床，加工所费的时间可预估得较为精确，因此可得到较准确的成本预估。预估时间的准确性有助于安排工厂的生产计划，因此，利用数控机床从事加工制造能正确地预估成本，掌握生产进度。

由于数控机床的上述特点，适用于数控加工的零件有：

1）批量小而又多次重复生产的零件。

2）几何形状复杂的零件。

3）贵重零件加工。

4）需要全部检验的零件。

5）试制件。

对以上零件采用数控加工，能最大限度地发挥出数控加工的优势。

2.5 典型数控系统简介

数控系统是数控机床的核心。常用的数控系统有 FANUC（发那科）、SIEMENS（西门子）、MITSUBISHI（三菱）、FAGOR（发格）、HEIDENHAIN（海德汉）等公司的数控系统及相关产品，它们在机床行业中占据主导地位。国内数控产品的典型代表有华中数控、航天数控等。下面介绍几个目前常用的典型数控系统。

1. FANUC 数控系统

FANUC 系统是日本富士通公司的产品，其中文译名为发那科。FANUC 系统进入中国市场有非常悠久的历史，有多种型号的产品在使用，使用较为广泛的产品有 FANUC0、FANUC16、FANUC18、FANUC21 等。在这些型号中，使用最为广泛的是 FANUC0 系列。日本 FANUC 公司数控系统的特点主要体现为

1）系统在设计中大量采用模块化结构。这种结构易于拆装，各个控制板高度集成，使可靠性有很大提高，而且便于维修更换。

2）具有很强的抵抗恶劣环境影响的能力。其工作的环境温度为 0 ~ 45℃，相对湿度为 75%。

3）有较完善的保护措施。FANUC 对自身的系统采用比较好的保护电路。

4）FANUC 系统所配置的系统软件具有比较齐全的基本功能和选项功能。对于一般的机床来说，基本功能完全能满足使用要求。

5）提供大量丰富的 PMC 信号和 PMC 功能指令。这些丰富的信号和编程指令便于用户

编制机床PMC控制程序，增加了编程的灵活性。

6）具有很强的DNC功能。系统提供串行RS-232C传输接口，使通用PC和机床之间的数据传输能方便、可靠地进行，从而实现高速的DNC操作。

7）提供丰富的维修报警和诊断功能。FANUC维修手册为用户提供了大量的报警信息，并且以不同的类别进行分类。

2. SIEMENS数控系统

西门子数控系统（SINUMERIK）是德国西门子公司的产品。SINUMERIK数控装置采用模块化结构设计，经济性好，在一种标准硬件上配置多种软件，使其具有多种工艺类型，能满足各种机床的需要，并成为系列产品。SINUMERIK数控装置主要包括控制及显示单元、PLC输入/输出单元（PP）、PROFIBUS总线单元、伺服驱动单元、伺服电动机等部分。SIEMENS公司CNC装置主要有SINUMERIK3/8/810/820/850/880/805/802/840系列。

3. MITSUBISHI数控系统

MITSUBISHI数控系统是日本三菱电机自动化公司的产品。该公司一直致力于为客户在工业自动化、电力控制及其他相关业务上提供专业产品设备和解决方案，产品被广泛应用于机械、冶金、电力等多个领域。MITSUBISHI的主要数控系统有：M64A/M64SM CNC控制器，EZMotion-NC E60系列，MELDAS C6系列，C64系列，M70V系列，M700V系列以及最新的M800/M80系列。

M800/M80系列CNC搭载三菱电机新开发的CNC专用CPU，微小线段的处理能力达到270K程序段/分，PLC处理能力达到26.0PCMIX，极大地缩短了加工时间。通过第4代SSS（Super Smooth Suce）控制及新一代样条曲线功能，极大地减少振动，提升了加工精度和加工品质。面向车床，推出了子程序控制Ⅱ、主轴重叠控制等新功能，实现部分工序同步执行，进一步缩短加工时间。新推出的M8系列产品均为触摸屏设计，可以像智能手机那样进行直感的触屏操作，无需繁琐的键盘操作。

4. 华中数控系统

华中数控以“世纪星”系统数控单元为典型产品。HNC-21T为车削系统，最大联动轴数为4轴；HNC-21/22M为铣削系统，最大联动轴数为4轴，采用开放式系统结构，内置嵌入式工业PC。伺服系统的主要产品包括HSV-11系列交流伺服装置、SHV-16系列全数字交流伺服驱动装置、步进电动机驱动装置、交流伺服主轴驱动装置与电动机、永磁同步交流伺服电动机等。

5. 北京航天数控系统

北京航天数控系统的主要产品为CASNUC2100数控系统，这是以PC为硬件基础的模块化、开放式的数控系统，可用于车床、铣床、加工中心等8轴以下机械设备的控制，具有2轴、3轴和4轴联动的功能。

2.6 思考题

1. 名词解释：对刀点、机床原点、工件原点。
2. 简述数控机床的特点。

3. 简述点位、直线、轮廓系统的定义和应用范围。
4. 试从控制精度、系统稳定性和经济性等方面比较开环控制系统、闭环控制系统和半闭环控制系统的优缺点。
5. 简述数控机床加工的基本工作原理。
6. 数控机床的组成部分有哪些？用框图来表示各部分之间的关系，并简述其功能。

第3章　编程的基本知识

3.1　数控编程的概念

数控机床是根据编制的程序来控制其加工生产的。当使用机床进行零件加工时，首先应该把加工路径和加工前提条件转换成数控系统能够识别的程序，这个程序就称为加工程序。如图3-1所示是从加工图到完成零件程序的过程。

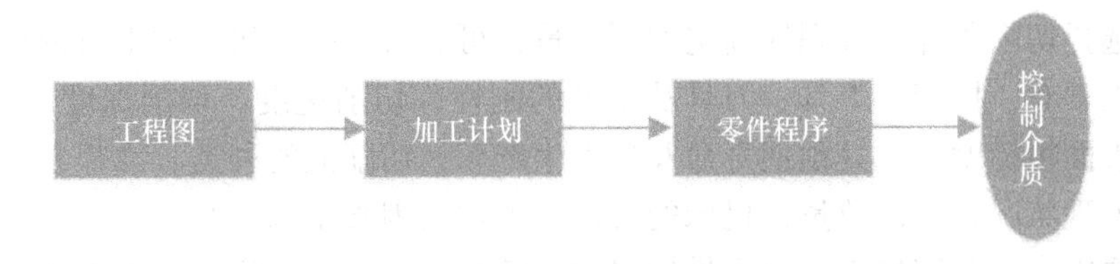

图3-1　加工程序设计过程

在加工计划安排中，需要考虑以下几个因素：

1. 明确数控机床加工范围，以便于选用适当的数控加工机床

数控车床适合于加工圆柱形、圆锥形、各种成形回转表面，螺纹以及各种盘类工件，并可进行钻、扩、镗孔加工。

立式数控铣镗床或立式加工中心适合加工箱体、箱盖、盖板、壳体、平面凸轮、样板、形状复杂的平面或立体工件，以及模具的内、外型腔等。

卧式数控铣镗床或卧式加工中心适合于加工复杂的箱体、泵体、阀体、壳体等工件；多坐标联动数控铣床还能加工各种复杂曲面、叶轮、模具等工件。

2. 明确工件夹持的方法，选择适合的夹具

在决定零件的装夹方式时，应力求使设计基准、工艺基准和编程计算基准统一，同时还应力求装夹次数最少。在选择夹具时，一般应注意以下几点：

1）尽量采用通用夹具、组合夹具，必要时才设计专用夹具。

2）工件的定位基准应与设计基准保持一致，注意防止过定位干涉现象，且便于工件的安装，决不允许出现欠定位的情况。

3）由于在数控机床上通常一次装夹完成工件的全部工序，因此应防止工件夹紧引起的变形造成对工件加工的不良影响。

4）夹具在夹紧工件时，要使工件上的加工部位开放，夹紧机构上的各部件不得妨碍走刀。

5）尽量使夹具的定位、夹紧部位无切屑积聚，清理方便。

3. 明确加工工艺流程，包括加工的先后顺序，刀具切削的路径

在数控机床上加工时，其加工工序一般按如下原则编排：

1）上道工序应不影响下道工序的定位与装夹。

2）如一次装夹进行多道加工工序时，则应考虑把对工件刚度削弱较小的工序安排在先，以减小加工变形。

3）同一定位装夹方式或用同一把刀具的工序，最好相邻连接完成，这样可避免因重复定位而造成误差和减少装夹、换刀等辅助时间。

4）先内形腔加工工序，后外形加工工序。

编程时，确定加工路线的原则主要有以下几点：

1）应尽量缩短加工路线，减少空刀时间，以提高加工效率。

2）能够使数值计算简单，程序段数量少，简化程序，减少编程工作量。

3）使被加工工件具有良好的加工精度和表面质量。

4）确定轴向移动尺寸时，应考虑刀具的引入长度和超越长度。

4. 明确切削条件，比如主轴转速、进给量、切削液等

正确的选择切削条件，合理地确定切削用量，可有效地提高机械加工质量和产量。影响切削条件的因素有：机床、工具、刀具及工件的刚性；切削速度、切削深度、切削进给率；工件精度及表面粗糙度；刀具预期寿命及最大生产率；切削液的种类、冷却方式；工件材料的硬度及热处理状况；工件数量；机床的寿命。上述诸因素中以切削速度、切削深度、切削进给率为主要因素。各道加工工序安排好以后，填写零件加工程序单，见表3-1。

表3-1 常用的加工程序单

单位名称		CNC机床程序单		程序编号		零件图号		机床	
				产品名称		零件名称		共（）页	第（）页
材料牌号		毛坯种类		每一次加工件数		每台数量		单件质量	
工序号	N	程序内容						备注	
							编制	审核	批准日期
标记	修改内容	修改者	标记	修改内容	修改者	日期	日期	日期	

3.2 数控编程的方法

数控编程的方法有两种：手工编程与自动编程。

3.2.1 手工编程

手工编程（Manual Programming）就是用人工完成自加工图到零件程序为止的各个阶段的工作，如图3-2所示。

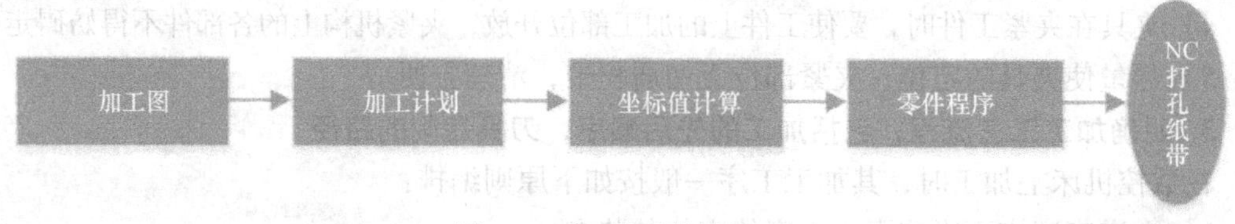

图3-2 手工编程设计流程

对于几何形状比较简单，计算工作量较小，程序较短的零件，采用手工编程既经济又省时。因此，手工编程被广泛应用于形状简单的点位加工及平面加工中。

在手工编程中，为配合加工程序的需要，首先必须要计算出加工过程中刀具的坐标位置和移动量。加工零件的加工路径如为直线或90°夹角所构成，则计算较为简单；如为复杂的曲线轮廓，则必须配合几何、三角函数的运算。工件的位置计算出来后，再依据加工顺序将机床的移动指令、移动速率和辅助功能等资料按照一定的格式编写成一个完整的数控加工程序，经复查无误后，再通过控制介质输入计算机内存。

数控手工编程的具体内容和步骤用如图3-3所示。

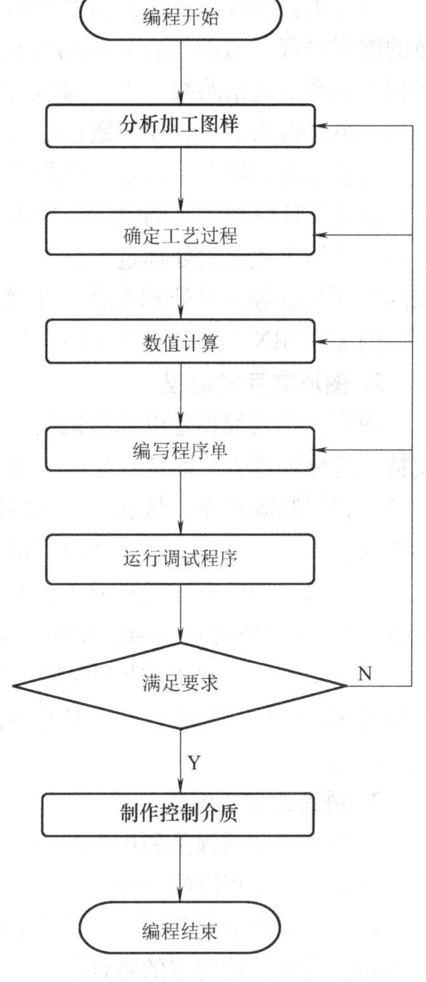

图3-3　手工编程的内容和步骤

3.2.2　自动编程

对于一些形状复杂的零件，特别是由非圆曲线或空间曲面组成的零件，手工编程计算非常费时和繁琐，并且容易出错。此时，为缩短编程时间，提高数控机床的利用率，可采用自动编程（Automatical Programming）的方法。

自动编程是指从分析零件图到编制零件加工程序和制备控制介质的全部过程大部分或全部由计算机（编程机）完成的零件编程。编程者只需要根据零件图样的要求，按照所使用的计算机辅助编程系统的规定，将图形信息输入到计算机中，输入某些工艺参数到计算机或编程机中，由计算机或编程机自动处理，部分或全部完成数控加工程序的编制，如图3-4所示。

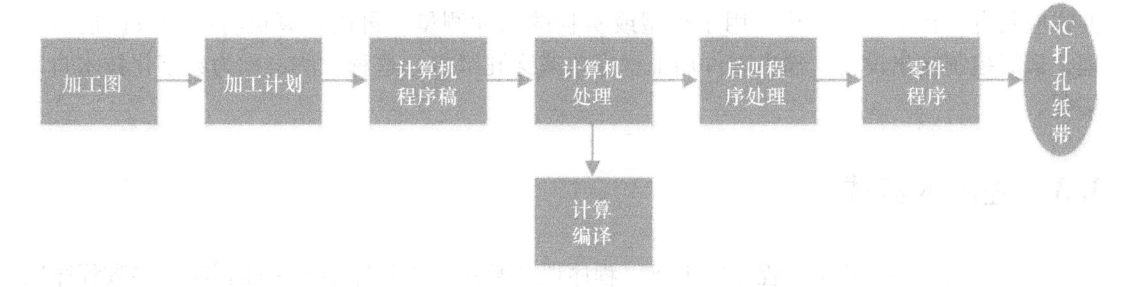

图3-4　自动编程设计流程

按照输入方式的不同，自动编程可以分为数控语言编程（如APT语言）、图形交互式编程（如CAD/CAM软件）、语音式自动编程和实物模型式自动编程等。

1. 数控语言编程

数控语言编程要有数控语言和编译程序。编程人员需要根据零件图样要求用一种直观易懂的编程语言（数控语言）编写零件的源程序（源程序描述零件形状、尺寸、几何元素之间相互关系及进给路线、工艺参数等），相应的编译程序对源程序自动的进行编译、计算、处理，最后得出加工程序。数控语言编程中使用最多的是APT数控编程语言系统。

会话型自动编程系统是在数控语言自动编程的基础上，增加了“会话”的功能。编程人员通过与计算机对话的方式，输入必要的数据和指令，完成对零件源程序的编辑、修改。它可随时停止或开始处理过程；随时打印零件加工程序单或某一中间结果；随时给出数控机床的脉冲当量等后置处理参数；用菜单方式输入零件源程序及操作过程等。日本的FAPT、荷兰的MITURN、美国的NCPTS、我国的SAPT等均是会话型自动编程系统。

2. 图形交互式编程

图形交互式编程是以计算机绘图为基础的自动编程方法，需要CAD/CAM自动编程软件支持。这种编程方法的特点是以工件图形为输入方式，并采用人机对话方式，而不需要使用数控语言编制源程序。从加工工件的图形再现、进给轨迹的生成、加工过程的动态模拟，直到生成数控加工程序，都是通过屏幕菜单驱动，具有形象直观、高效及容易掌握等优点。

近年来，国内外在微机或工作站上开发的CAD/CAM软件发展很快，得到广泛应用，如美国CNC软件公司的Master CAM、美国UGS（Unigraphics Solutious）公司的UG（Unigraphics），我国北航海尔的制造工程师（CAXA-ME）等软件，都是性能较完善的三维CAD造型和数控编程一体化的软件，且具有智能型后置处理环境，可以面向众多的数控机床和大多数数控系统。

3. 语音式自动编程

语音式自动编程是利用人的声音作为输入信息，并与计算机和显示器直接对话，令计算机编出数控加工程序的一种方法。语音编程系统编程时，编程员只需对着传声器讲出所需指令即可。编程前应使系统“熟悉”编程员的“声音”，即首次使用该系统时，编程员必须对着传声器讲该系统约定的各种词汇和数字，让系统记录下来并转换成计算机可以接受的数字命令。

4. 实物模型式自动编程

实物模型式自动编程适用于有模型或实物，而无尺寸的零件加工的程序编制。这种编程方式应具有一台坐标测量机，用于模型或实物的尺寸测量，再由计算机将所测数据进行处理，最后控制输出设备，输出零件加工程序单或穿孔纸带。这种方法也称为数字化技术自动编程。

3.3　程序的组成

零件加工程序由若干个程序段组成。程序段是数控加工程序中的一段程序，多数程序段是用来指令机床完成或执行某一动作。

加工程序可分为主程序（Main program）和子程序（Sub program）。数控机床按照主程序的指令进行动作，但主程序中遇到执行子程序指令时，系统即执行子程序。当在子程序中遇到执行主程序指令时，系统又回到主程序来执行，如图3-5所示。

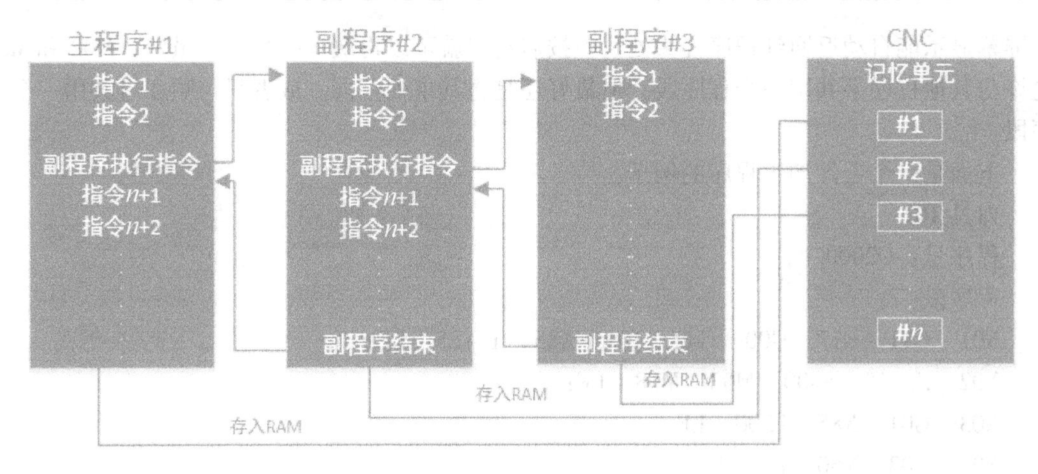

图 3-5　加工程序流程

无论是主程序还是子程序，每一个程序都由程序号、程序内容和程序结束指令三部分组成。有的程序在程序号之前还有开始符，程序的最后还有一个程序结束符。程序开始符与程序结束符是同一个字符：在 ISO 代码中是%，在 EIA 代码中是 ER。

在书写和打印时，每个程序段一般占一行，在屏幕显示程序时也是如此。

1. 程序号

程序号是表示程序开始，也是该加工程序的标识。它一般独占一行。程序号有两种形式：一种是以规定的英文字母（多用字母 O 或 P）开头，后面紧跟若干位数字组成。数字最多允许位数由说明书规定，多为两位和四位。四位数中若前面为 0，则可以省略，如 O0100 可以写成 O100。后面可以加括号注出程序名或做注释，但不得超过 16 个字符。

还有一种程序号是由英文字母、数字或英文单词、数字混合组成，中间还可以加入“-”号。这种形式使用户命名程序较灵活，比如在 LC30 型数控车床上加工零件图号为 215 的法兰第三道工序的程序，可命名为 LC30-FIANGE-215-3，这就给使用、存储和检索带来很大方便。程序号用哪种形式主要由数控系统来决定。

2. 程序内容

程序内容由若干程序段组成，它表示数控机床要完成的全部动作，包括加工前机床的状态要求，刀具加工零件时的运动轨迹等。

一个程序段由若干代码字（Code word）组成，每个代码字由字母（地址符）和若干数字构成。程序段是一个完整的加工工步单元，通常以 N（程序段号）指令开头，LF 指令结尾。

3. 程序结束指令

程序结束是指当刀具完成对工件的切削加工后，执行该部分的程序可以控制刀具以什么方式退出切削，退出切削后刀具停留在何处，机床处在什么状态等。程序结束指令可用 M02（程序结束）、M30（程序结束及返回前端）或 M99（子程序结束回主程序）来实现。

M02 和 M30 的共同点是：在完成所在程序段其他所有指令后，用以停止主轴、冷却液和进给，并使控制系统复位。但在有些机床（系统）上使用也有区别：用 M02 结束程序时，自动运行结束后光标停止在程序结束处；而用 M30 结束程序运行时，自动运行结束后光标和屏幕显示能自动返回到程序开头处，一按启动钮就可以再次运行程序。虽然，M02 和 M30 允许与其他程序字共用一个程序段，但最好还是将其单列一段，或者只与顺序号共用一个程序段。

下面是一个零件加工程序的例子。

刀具 T01

程序号：O2000

程序段：

N01　G91　G17　G00　G42　T01　X85　Y-25　LF；

N02　Z-15　S400　M03　M08　LF；

N03　G01　X85　F300　LF；

N04　G03　Y50　I25　LF；

N05　G01　X-75　LF；

N06　Y-60　LF；

N07　G00　Z15　M05　M09　LF；

N08　G40　X75　Y35　M02　LF；

它由 8 个程序段组成，每个程序段以“N”开头，以 LF 结束。M02 作为整个程序的结束。

3.4　程序段的格式

程序段的格式是指一个程序段中指令字的排列顺序和书写规则，不同的数控系统往往有不同的程序段格式，若格式不符合规定，数控系统就不能接受。

目前，国内外广泛采用的程序段格式是字地址程序段格式，又称为字地址格式。在这种格式中，程序字长不固定，程序字的个数也是可变的。绝大多数的数控系统允许程序字的顺序是任意排列的，故属于可编程序段格式。但是，在大多数场合，为了书写、输入、检查和校对的方便，程序字在程序段中习惯按一定的顺序排列。其格式为：N__　G__　X__　Y__　Z__　F__　S__　T__　M__　LF。

地址符表示其后面数字的意义。在数控系统的定义里，有些字母会因为其准备机能（Propartory Function）的不同而表示不同的含义。MITSUBISHI 系统常用地址符见表 3-2。

这种格式的特点：程序段中的每个指令字均以字母（地址符）开始，其后再跟符号和数字。指令字在程序段中的顺序没有严格的规定，可以按照任意顺序书写。不需要的指令字或者与上段相同的续效代码可以省略不写。例如 N08　G01　X12.360　Y10.310 可写成 N8　G1　X12.36　Y10.31。但仅有一个零的数则至少用一个零来表示，如 N9　G0　X0　Y50.342。因此，这种格式具有程序简单、可读性强，易于检查等优点，所以在数控机床的编程中得到广泛应用。

例如/N03　G02　X+053　Y+053　I0　J+053　F031　S04　T04　M03　LF。其中，N03 为程序段序号；G02 表示加工的轨迹为顺时针圆弧；X+053，Y+053 表示所加工圆弧的终点坐标；I0、J+053 表示所加工圆弧的圆心坐标；F031 是加工进给速度；S04 是主轴转速；T04 为所使用刀具的刀号；M03 为辅助功能指令；LF 是程序段结束指令；/为跳步选择指令。该指令的作用是在程序不变的前提下，操作者可以对程序中的有跳步选择指令的程序段做出执行或不执行的选择。选择的方法通常是通过操作面板上的跳步选择开关扳向 ON 或者 OFF，来实现不执行或执行包含有“/”的程序段。

表 3-2 MITSUBISHI 系统常用地址符

机 能	地 址 码	意 义
程序号	O 或 P 或%	程序编号
顺序号	N	顺序编号
准备机能	G	机床动作方式指令
坐标指令	X. Y. Z	坐标轴移动指令
	A. B. C. U. V. W	附加轴移动指令
	R	圆弧半径
	I. J. K	圆弧中心坐标
进给机能	F	进给速度指令
主轴机能	S	主轴转速指令
刀具机能	T	刀具编号指令
辅助机能	M	接通、断开、起动、停止指令
	B	工作台分度指令
补偿	H 或 D	刀具补偿指令
暂停	P 或 X	暂停时间指令
子程序调用	I	子程序号指定
重复次数	L 或 H	子程序或循环程序的循环次数

3.5 常用的地址符

下面以 MITSUBISHI M80 系统为例（M70 系统与之相同），介绍一下常用的地址符。

1. 程序段顺序号 N

程序段顺序编号由地址 N 与其后续的 6 位（通常是 3 位或 4 位）数字构成。在程序中用于搜索必要的程序段（包括跳跃程序段等）。程序段顺序号实际上是程序段的名称。

一般使用方法：编程时将第一程序段冠以 N10，以后以间隔 10 递增的方法设置顺序号，这样，在调试程序时如果需要在 N10 和 N20 之间插入程序段时，就可以使用 N11、N12。

2. 准备功能字 G

准备功能字由字母 G 和后续的 2 位或 3 位（包含小数点以下 1 位时）数字构成。G 代码主要用于指定轴移动、坐标系设定等功能，例如 G00 指定定位、G01 指定直线插补。

G 代码分为 G 代码系列 2，3，4，5，6，7 等 6 个系列。MITSUBISHI M70V 系列三菱数控系统准备功能 G 代码见第 4 章。不同种类的数控系统的准备功能字的含义不完全统一，所以，在编程前编程者必须要参考各数控系统的使用手册。

3. 坐标字

坐标字用于指定工作机床各轴的坐标位置、移动量。它由坐标地址字符和带正、负号的数字组成，例如，X40 表示 X 轴正方向 40mm。

坐标地址符使用 X，Y，Z，U，V，W，A，B，C 等字母。通过数值指定坐标位置、移动量的方法有“绝对值指令”和“增量值指令”两种。

4. 进给功能字 F

进给功能字 F 表示刀具对工件的进给速度（相对速度）。它由地址码 F 和后续数字构成。进给功能主要用于控制刀具位移的速度，可分为快速位移和切削进给两种。快速位移是用在刀具定位时，其速率可以高达 60000mm/min。如此高的定位速度，必须配合机床的结构，其速度由计算机软件预先设定。

因此，一般我们称作进给机能是指切削进给率。其表示方法有两种，即每分钟进给量 mm/min 和每回转进给量 mm/r，如图 3-6 所示。

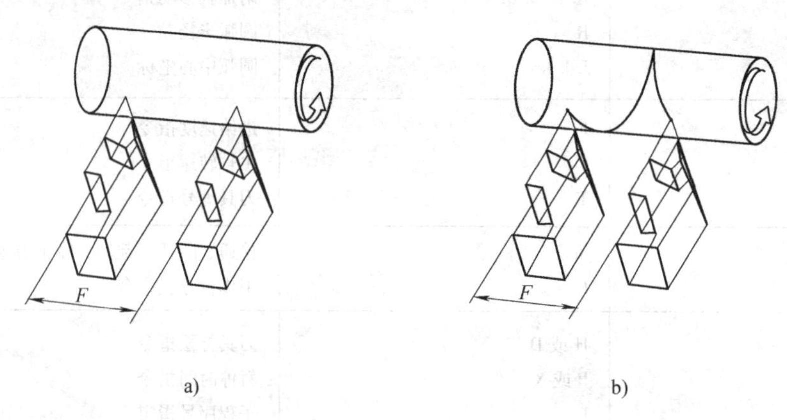

图 3-6　直线进给率和旋转进给率

a）直线进给率（mm/min）　b）旋转进给率（mm/r）

5. 主轴速度功能字 S

主轴转速功能字 S 用于设定主轴转速或速度，单位为 r/min 或 m/min。数控机床的主轴可以实现恒转速控制，也可以实现切削（车削）时的恒线速度控制，后者可以保证车床和磨床加工工件断面质量和不同指令的外圆的加工具有相同的切削速度。

主轴转速功能的示例如图 3-7 所示。中档以上数控机床的主轴转速采用直接指定方式。例如 S1500 表示主轴转速为 1500r/min。在经济型数控系统中，仍主要采用代码指定方式。

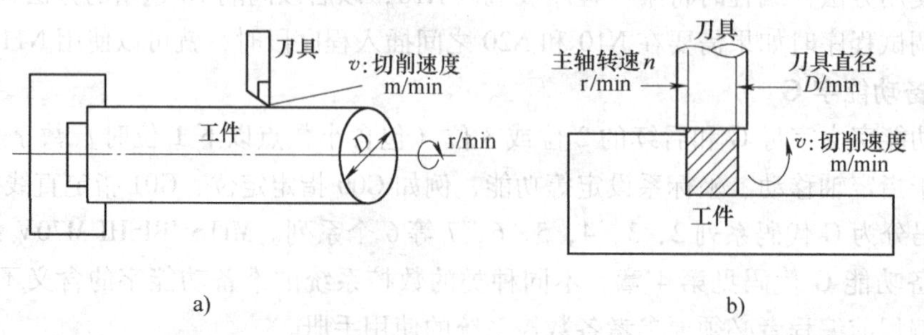

图 3-7　主轴转速功能示例

a）车削进给　b）铣削进给

6. 刀具功能字T

刀具功能字的地址符是T，又称为T功能或T指令，用于指定加工时所用刀具的编号。字母T后面跟若干位数字，主要用来选择刀具，也可用来选择刀具偏置，如图3-8所示。如：T12用作选刀时表示12号刀具；用作刀具补偿时，表示按照12号刀具事先设定的偏置值进行刀具补偿。若用四位数字时，如T0101，前两位01表示刀具号，后两位01表示刀具补偿号。

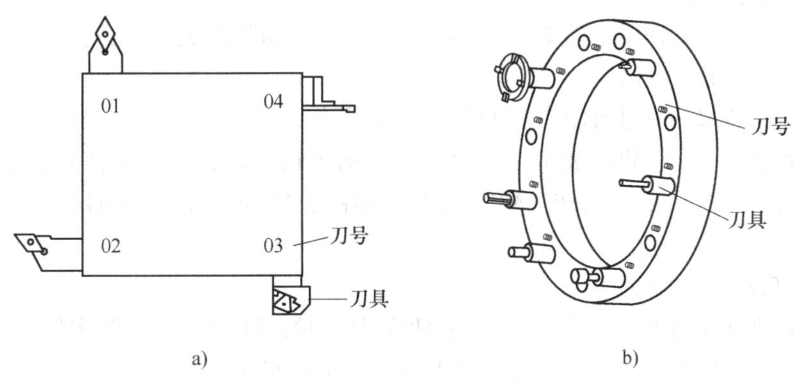

图3-8　刀具功能示例

a）车削刀具　b）加工中心刀具

7. 辅助功能字M

辅助功能是控制机床或系统的开关功能的一种命令，辅助功能字M由字母M和数字组成，从M00～M99共100种。各种型号的数控装置具有辅助功能的多少差别很大，而且有许多是自定义的，必须根据说明书的规定进行编程。常用的辅助功能有程序停、主轴正/反转、冷却液接通和断开、换刀等。表3-3列出了13种辅助指令，用于特定目的。

表3-3　辅助功能M代码表

指令代号	功　能	指令代号	功　能
M00	程序停止:机床停止一切操作	M06	刀具交换
M01	可选停止:可选停止开关打开,程序才会停止	M08 M09	切削液打开 切削液关闭
M02	程序结束:表示程序全部结束	M19	主轴定位
M03	主轴正转	M30	程序结束:程序结束,自动返回程序起始位置
M04	主轴反转	M98	调用子程序
M05	主轴停止	M99	子程序结束并返回主程序

M00——程序停止指令

M00指令实际上是一个暂停指令。功能是执行此指令后，机床停止一切操作。即主轴停转、切削液关闭、进给停止。但模态信息全部被保存，在按下控制面板上的启动指令后，机床重新启动，继续执行后面的程序。

该指令主要用于工件在加工过程中需停机检查、测量零件、手工换刀或交接班等。

M01——计划停止指令

M01 指令的功能与 M00 相似，不同的是，M01 只有在预先按下控制面板上“选择停止开关”按钮的情况下，程序才会停止。如果不按下“选择停止开关”按钮，程序执行到 M01 时不会停止，而是继续执行下面的程序。M01 停止之后，按启动按钮可以继续执行后面的程序。

该指令主要用于加工工件抽样检查，清理切屑等。

M02——程序结束指令

M02 指令的功能是程序全部结束。此时主轴停转、切削液关闭，数控装置和机床复位。该指令写在程序的最后一段。

M03、M04、M05——主轴正转、反转、停止指令

M03 表示主轴正转，M04 表示主轴反转。所谓主轴正转，是从主轴向 Z 轴正向看，主轴顺时针转动；反之，则为反转。M05 表示主轴停止转动。M03、M04、M05 均为模态指令。

M06——自动换刀指令

M06 为手动或自动换刀指令。当执行 M06 指令时，进给停止，但主轴、切削液不停。M06 指令不包括刀具选择功能，常用于加工中心等换刀前的准备工作。

M08、M09——冷却液开关指令

M08、M09 指令用于冷却装置的启动和关闭，属于模态指令。

M08 表示冷却液或液状冷却液开。

M09 表示关闭冷却液开关。

M19——主轴定位

M19 令主轴转至固定方向而后停止旋转。一般用于装置镗孔刀使用，否则镗孔刀加工后易刮伤加工面。

M30——程序结束指令

M30 指令与 M02 指令的功能基本相同，不同的是，M30 能自动返回程序起始位置，为加工下一个工件作好准备。

M98、M99——子程序调用与返回指令

M98 为调用子程序指令，M99 为子程序结束并返回到主程序的指令。

辅助功能的典型示例如图 3-9 所示。

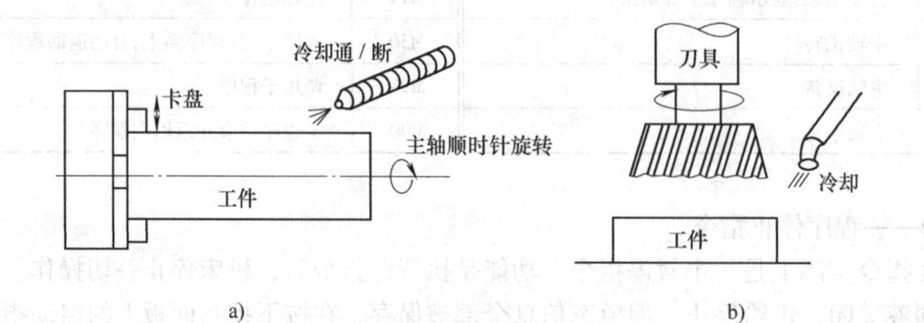

图 3-9　辅助功能示例

a）车削冷却液控制　b）铣削冷却液控制

3.6 思考题

1. 数控机床加工程序的编制步骤?
2. 数控机床加工程序的编制方法有哪些?它们分别适用什么场合。
3. 什么是程序段格式?它有哪几种?
4. 数控程序有哪几部分组成。
5. 简述数控系统进给机能、主轴机能、辅助机能、刀具机能及其作用。
6. 用 G92 程序段设置的加工坐标系原点在机床坐标系中的位置是否不变?

第4章　数控车床的编程与实例

4.1　概述

数控编程应该是面向对象的。不同的数控系统具有各自的指令系统和语法规范，这将最终体现在用户程序中。

目前，社会上流行的数控系统有几十种之多，这些系统间均存在相互间兼容性的问题，这给学习使用者带来了麻烦。但从本质上来看，各种不同的数控系统都是为了服务于实际社会生产，其指令系统的各项功能都是因生产实际的需要而设，只是在具体的工作形式或代码表达上有所不同而已。因此，学习中应该从本质上去理解各指令功能的意义，而不要流于表面，那么相信应该不会有太大的困难。

从学习数控编程的角度出发，选择编程功能相对较强的数控系统，通过对其丰富的编程指令功能的分析，从本质上了解数控机床可以实现的各项功能，从而做到举一反三、融会贯通。当遇到一些别的不同系统时，只需阅读相关的随机资料，即可很快掌握并达到熟练应用。而本书将以三菱 M70 系统为典型系统进行介绍。

4.2　编程的基本原理

4.2.1　坐标系

（1）机床坐标系

机床坐标系的作用是为了确定机床的运动方向和运动距离，必须在机床上建立坐标系，以描述刀具和工件的相对位置及其变化关系。如图 4-1 所示为一个基本配置的典型卧式数控车床。在该机床上 Z 轴通过机床主轴中心线指向尾架，X 轴径向离开工件为正。一般按刀架位置确定 X 轴的指向，按由中心指向刀架设定 X 正方向。机床坐标系原点一般设在卡盘端面上，以便于工件安装后位置的设定。机床开机后无法实现回原点运行，一般通过回参考点实现对原点的校验，从而建立起机床坐标系。

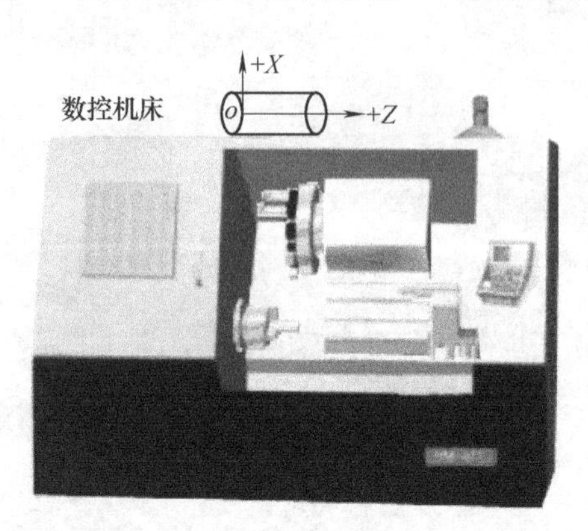

图 4-1　数控车床机床坐标系

（2）工件坐标系

工件坐标系是编程人员在编制程序时用来确定刀具和程序起点的，该坐标系的原点可由使用人员根据具体情况确定，但坐标轴的方向应与机床坐标系一致并且与之有确定的尺寸关系。工件坐标系原点的选择，原则上应尽量使编程简单、尺寸换算少、引起的加工误差小。一般情况下，工件原点应尽可能选在尺寸标注基准或定位基准上；对称零件编程原点应尽可能选在对称面上；没有特殊情况则常选在工件右端面，如图4-2所示。

（3）工件坐标系的设置

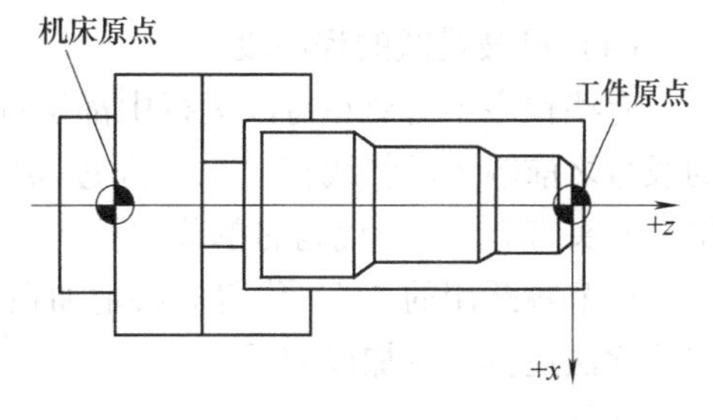

图4-2　工件坐标系

加工工件时，工件必须定位夹紧在机床上，保证工件坐标系坐标轴平行于机床坐标系坐标轴，由此在 *Z* 坐标上产生机床原点与工件原点的坐标偏移量，该值作为可设定零点偏移量输入到给定的数据区，即偏置寄存器中。当NC程序运行时，此值可以用一个对应的编程指令进行选择调用，从而确定工件在机床上的装夹位置。而系统中偏置寄存器使用的代码是G54～G59。

用G54～G59确定坐标系步骤：

首先用手动方式使刀架回机床参考点。在MDI方式，调用01号基准刀到加工位置。然后用外圆车刀先试车一外圆，把刀具沿 *Z* 轴正向退一段距离，测量外圆直径后，输入到对应的工件坐标系中测量刀具，即可设定 *X* 轴的坐标值。

切削工件端面到中心，记录当前 *Z* 轴坐标，输入到对应的工件坐标系中测量刀具，即可设定 *Z* 轴的坐标值。

4.2.2　程序结构

数控加工中，为使机床运行而送到CNC的一组指令称为程序。每一个程序都是由程序号、程序内容和程序结束三部分组成。程序的内容则由若干程序段组成，程序段是由若干字组成，每个字又由字母和数字组成。即字母和数字组成字，字组成程序段，程序段组成程序。

（1）程序名

程序名为程序的开始部分，为了区别存储器中的程序，每个程序都要有程序编号，在编号前采用程序编号地址码。如在三菱系统中，采用英文字母“O”和接在后面的最多8位数值作为程序名。例如O12345678。

（2）程序内容

程序内容是整个程序的核心，由许多程序段组成，每个程序段由一个或多个指令组成，它代表机床的一个位置或一个动作，每一程序段结束用“;”号表示。

（3）程序结束

以程序结束指令M02或M30作为整个程序结束的符号。

例如：

```
程序编号：  O12345678
程序内容：  N001  G92  X50.0  Y40.0;
            N002  G90  G00  X28.0  T01  S1000  M03;
            N003  G01  X-8.0  Y8.0  F200;
            N004  X0  Y0;
            N005  X28.0  Y30.0;
```

N006　G00　X50.0；

程序结束段：N007　M02；

（4）可被跳跃的程序段

有些程序不需要在每次运行中都执行的程序段可以被跳跃过去，为此需要在这些程序段的段号之前输入反斜线符“/”。通过操作机床控制面板上，当可选单节跳跃开关为 ON 时，单节开头带有“/”代码的单节被跳跃，可选单节跳跃开关为 OFF 时，执行可选单节跳跃。可选单节跳跃用的“/”代码务必附加在单节的开头。如果插入到单节的中间，则作为用户宏的除法运算命令加以使用。

例如：

N20　G1　X25./Z25.；……………错误（用户宏的除法运算命令，此时为程序错误）

/N20　G1　X25.Z25.；……………正确

（5）注释

利用加注释的方法可在程序中对程序段进行必要的说明，以便于操作者理解编程者的意图。注释仅作为对操作者的提示在屏幕上，需要“；”与程序段隔开。系统并不对其进行解释执行，因此不受编程语法限制，甚至可用于中文表达。

4.3　数控编程 G 指令功能表

编程指令集包含了系统全部的编程指令，它代表了系统编程能力的强弱。MITSUBISHI M70 指令集见表 4-1。

表 4-1　三菱 M70 系统 G 代码集

G 代码	功能	常用功能○/特殊功能△
G00	快速定位	○
G01	直线切削	○
G02	顺时针圆弧切削	○
G03	逆时针圆弧切削	○
G04	暂停指令	○
G09	确认停止检查	○
G10	程式补正输入设定	△
G11	程式补正输入取消	△
G14	平衡切削关断	△
G15	平衡切削接通	△
G17	平面选择 X－Y	○
G18	平面选择 Z－X	○
G19	平面选择 Y－Z	○
G20	英制输入	○
G21	公制输入	○
G27	参考点检查	○
G28	自动复位机械原点	○
G29	开始点返回	○
G30	第 2，3，4 参考点返回	△

（续）

G代码	功能	常用功能○/特殊功能△
G30.1	刀具交换位置返回1	△
G31.1	多级跳跃功能1-1	△
G32	螺纹切削	○
G34	可变导程螺纹切削	○
G37	自动刀具长度测定	○
G40	刀具半径补偿取消	○
G41	刀具半径补偿（左侧）	○
G42	刀具半径补偿（右侧）	○
G52	局部坐标系设定	△
G53	基本机械坐标系选择	○
G54	工件坐标系1	○
G55	工件坐标系2	○
G56	工件坐标系3	○
G57	工件坐标系4	○
G58	工件坐标系5	○
G59	工件坐标系6	○
G60	单向定位	○
G61	确认停止模式	○
G62	自动转角加速度	○
G63	攻丝模丝	○
G64	切削模式	○
G65	用户宏 单纯呼叫	△
G70	精加工循环	○
G71	纵向粗切削循环	○
G72	端面粗切削循环	○
G73	成形材粗切削循环	○
G74	端面切断循环	○
G75	纵向切断循环	○
G76	复合型螺纹切削循环	○
G80	钻孔固定循环取消	○
G90	纵向切削固定循环	○
G92	螺纹切削固定循环	○
G94	端面切削固定循环	○
G83	深钻孔循环	○
G84	攻牙循环	○
G85	镗孔循环	○
G90	绝对值指令	○
G91	增量值指令	○
G96	恒表面速度控制 接通	○
G97	恒表面速度控制 关断	○
G98	每分钟进给	○
G99	每转进给	○

4. 3. 1　坐标平面选择指令

程序格式：G17；

G18；

G19；

指令说明：G17、G18、G19 指令功能为指定坐标平面，都是模态指令，相互之间可以注销。

G17、G18、G19 分别指定空间坐标系中的 *XY* 平面、*ZX* 平面和 *YZ* 平面，如图 4-3 所示，其作用是让机床在指定坐标平面上进行插补加工和加工补偿。

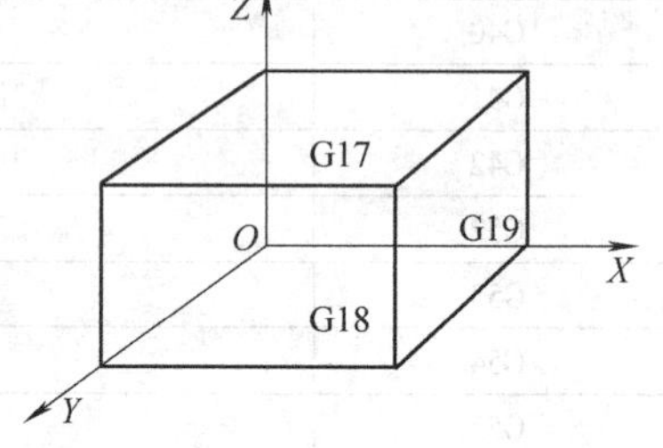

图 4-3　平面坐标系定义

对于数控车床，开机后数控装置自动将机床设置成 G18 状态，如果在 XZ 坐标平面内进行轮廓加工，就不需要由程序设定 G17。

4. 3. 2　绝对值编程指令 G90 与增量值编程指令 G91

程序格式：G90；

G91；

指令说明：绝对值编程指令是 G90，增量值编程指令是 G91，它们是一对模态指令。G90 出现后，其后的所有坐标值都是绝对坐标，当 G91 出现以后，G91 以后的坐标值则为相对坐标，直到下一个 G90 出现，坐标又改回到绝对坐标。G90 为默认值。

选择合适的编程数据输入制式可以简化编程。当图样尺寸由一个固定基准标注时，则采用 G90 较为方便；当图样尺寸采用链式标注时，则采用 G91 较为方便；对于一些规则分布的重复结构要素，采用子程序结合 G91 可以大大简化程序。

绝对值编程：指机床运动部件的坐标尺寸值相对于坐标原点给出。

增量值编程：指机床运动部件的坐标尺寸值相对于前一位置给出。

增量坐标值 = 目标点坐标 - 前一点坐标

程序例 1：如图 4-4 所示，车刀刀尖从 A 点出发，按照“A-B-C-D”顺序移动，写出 B-D 各点的绝对、增量坐标值（采用直径编程）。坐标值表见表 4-2。

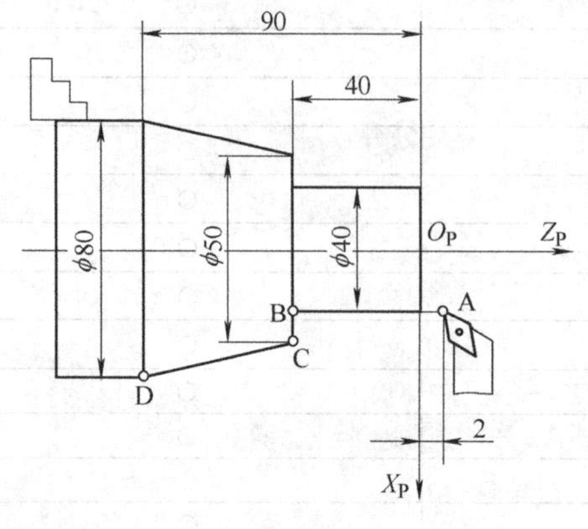

图 4-4　坐标值区别例图

表 4-2　坐标值区别表

点	坐标值表			
	绝对坐标		增量坐标	
	X	Z	X	Z
B	40	-40	0	-42
C	50	-40	10	0
D	80	-90	30	-50

4.3.3　G28 经中间点自动复归机械原点

程序格式：G28 X __　Z __；

指令说明：X、Z 数值为中间点的坐标值。G28 为刀具以 G00 速度，经过指定轴指定的坐标点自动复归机械原点；经过中间点复归机械原点的目的是避开加工障碍物或执行刀具交换。如图 4-5 所示刀具迅速经过 B 点回到参考点 R。

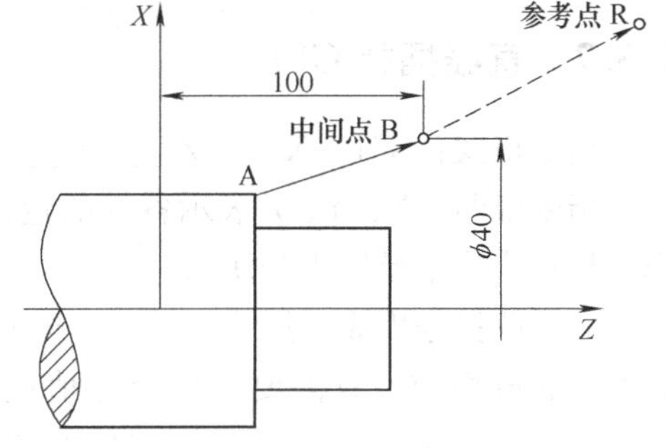

图 4-5　G28 经中间点自动回归机械原点

4.3.4　恒速控制 G96、G97

指令格式：G96　S __　P __；

G97；

指令说明：G96 为恒速打开，G97 为恒速取消。S 为速度（m/min），P 为指定轴。对径方向的切削，随着坐标值的变化自动控制主轴转速，在切削点以恒速执行切削加工。

恒速控制中（G96 模态中），恒速控制对象轴在主轴中心附近，则主轴转速变大，会出现超出工件、卡盘允许转速的情况。此时，加工中的工件会出现飞车，有可能导致刀具/机床损坏、使用者受伤的情况。

程序例 2：G90　G96　G01　X50.　Z100.　S200；　控制主轴转速，使速度为 200m/min。

G97　G01　X50.　Z100.　F300　S500；　将主轴转速控制在 500r/min。

4.3.5　主轴钳制速度设定 G92

指令格式：G92　S __　Q __；

指令说明：可通过 G92 后续的地址 S 指定主轴的最高钳制转速，通过地址 Q 指定主轴的最低钳制转速，单位为 r/min。根据加工对象（安装在工件、主轴的卡盘、刀具等）的规格，需要限制转速时发出本指令。

4.3.6　定位（快速进给）：G00

指令格式：G00　X(U)__　Z(W)__；

指令说明：采用绝对坐标编程时，X、Z 表示目标点在工件坐标系的坐标值；采用增量坐标编程时，U、W 表示目标点相对当前点的移动距离和方向。也可以通过编程式中 G90 或 G91，将坐标指令作为绝对值或增量值指令使用。

G00 为快速定位至坐标值或距离所指定位置，其位移速率以机械最快速率位移。指令只适于刀具快速定位，不适于切削加工。指令一旦生成，持续有效，直至 G01、G02 或 G03 指令指定止。当 G 指令后无阿拉伯数字时，视为 G00 模式。

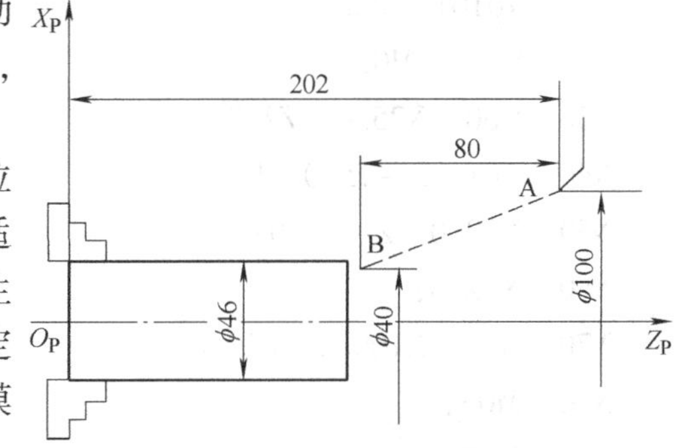

图 4-6　G00 指令编程实例图

程序例 3：如图 4-6 所示，在某车床上，刀尖从换刀点（刀具起点）A 快进到 B 点，准备车外圆。分别用绝对、增量方式写出 G00 程序段。

绝对坐标方式：G90　G00　X40　Z122，或 G00　X40　Z122；

增量坐标方式：G91　G00　X -60　Z -80 或 G00　U -60　W -80。

4.3.7　直线插补 G01

指令格式：G01　X__　Z__　F__；

指令说明：X、Y、Z 表示各轴的定位坐标值，通过程式中 G90 或 G91，可将坐标指令作为绝对值或增量值指令使用。

一旦此指令生成，持续有效，直至 G00、G02 或 G03 指令指定止。G01 指令有效时，其后面不必再指定，只需要改变坐标值或速度值，其切削速率由进给率 F 来指定，单位为 mm/min。最开始 G01 指令中无设定 F 值，则机床报警。

程序例 4：如图 4-7 所示零件图，编制从点 A 到点 E 的数控车削程序，分别用绝对坐标和增量坐标编程。

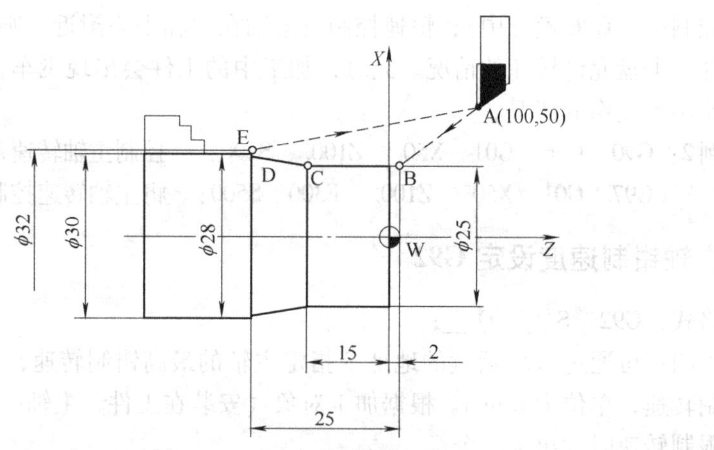

图 4-7　G01 指令编程实例图

按绝对值编程方式：

O1234；	程序名
N10　T0101　M08；	换 1 号刀，冷却液开
N20　S800　M03；	主轴正转，转速 800r/min
N30　G00　X25.0　Z2.0；	A 到 B（25，2）
N40　G01　Z -15.0　F0.1；	B 到 C（25，-15）
N50　X28.0　Z -25.0；	C 到 D（28，-25）
N60　X32.0；	D 到 E（32，-25）
N70　G00　X100.0　Z50.0；	E 到 A（100，50）
N80　M05；	主轴停
N90　M09；	冷却液关
N95　M30；	程序结束

按增量值编程方式：

程序	说明
O4321；	程序名
N10　G91　T0101　M08；	换 1 号刀，冷却液开
N20　S800　M03；	主轴正转，转速 800r/min
N30　G00　X－75.0　Z－48.0；	A 到 B（25，2）
N40　G01　Z－17.0　F0.1；	B 到 C（25，－15）
N50　X3.0　Z－10.0；	C 到 D（28，－25）
N60　X4.0；	D 到 E（32，－25）
N70　G00　X68.0　Z75.0；	E 到 A（100，50）
N80　M05；	主轴停
N90　M09；	冷却液关
N95　M30；	程序结束

4.3.8　圆弧插补 G02、G03

指令格式：G02（G03）　X__　Z__　I__　K__　F；

　　　　　G02（G03）　X__　Z__　R__　F__　；

指令说明：G02 顺时针旋转（CW），G03 逆时针旋转（CCW），指令旋转方向为设定在 X、Z 切削平面上，与该平面垂直的轴为 *Y* 轴，由此轴正方向位置往负方向看，其为顺时针反向旋转为 G02，逆时针反向旋转为 G03。如图 4-8，图 4-9 所示，车床为后置刀架时 G02 为顺时针圆弧插补，G03 为逆时针圆弧插补，机床为前置刀架时 G02 为逆时针圆弧插补，G03 为顺时针圆弧插补。*X*、*Z* 为圆弧终点坐标值；F 表示进给速度；I 表示圆弧中心相对于圆弧起点在 *X* 轴方向的坐标值（I 为从起点看的中心 *X* 坐标的半径指令增量值）；K 表示圆弧中心相对于圆弧起点在 *Z* 轴方向的坐标值（K 为从起点看的中心 *Z* 坐标的增量值）；大小以增量表示，具有方向性，如图 4-10 所示，图中 I、K 均为负值。圆弧终点坐标值指令可以是绝对值或者增量值，但是圆弧中心点坐标值必须使用起始点的增量值。

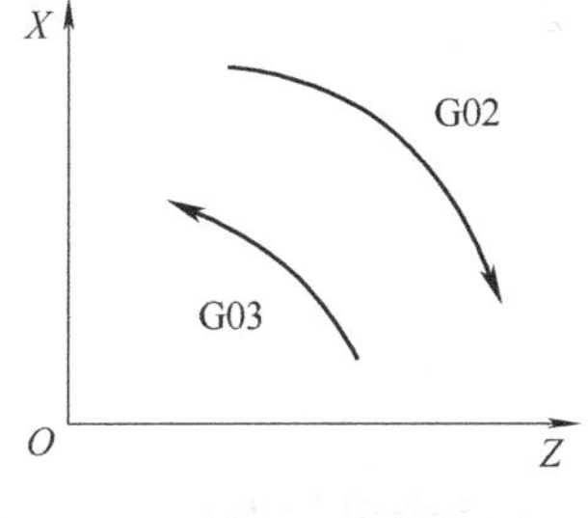

图 4-8　前置刀架方向选择

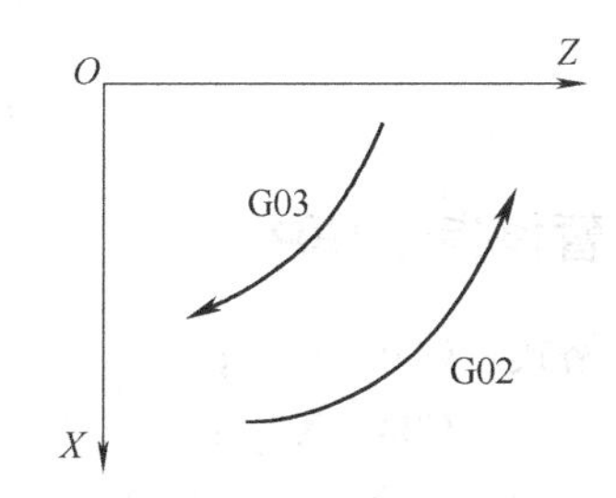

图 4-9　后置刀架方向选择

圆弧中心的设定方式也可以用 R 值取代 I、K 值。当 R＞180°时，R 值为负值，当 R≤180°时，R 值为正值（符号负号），如图 4-11 所示用半径指定圆心，A 为起点，B 为终点，C_1、C_2 为圆心，1 圆弧为 R＞180°，2 圆弧为 R≤180°。对于整圆指令（起点与终点一致）、由于 R 指定圆弧指令会立即完成，不会进行任何动作，所以请使用 I、K 指定圆弧指令。

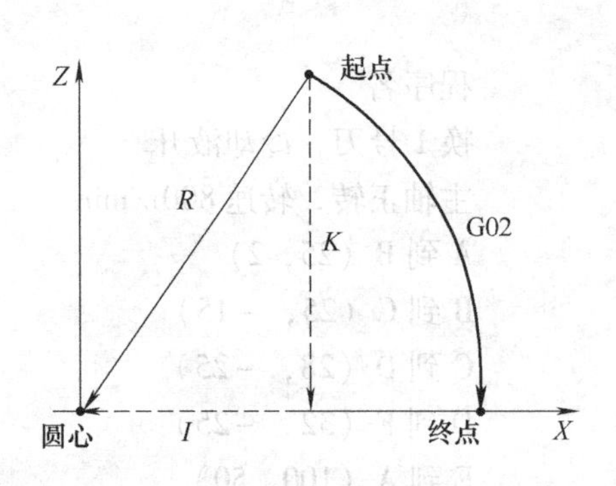

图 4-10 圆弧插补用增量指定圆心

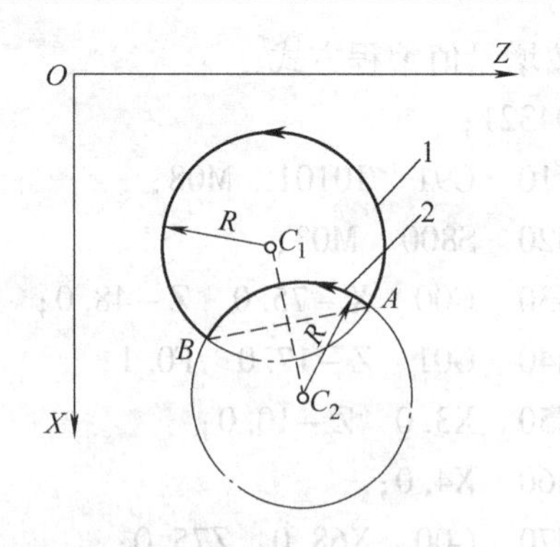

图 4-11 圆弧插补用半径指定圆心

程序例 5：如图 4-12 所示零件图，编制数控车削程序。分别用 I、K 表示圆心位置和用 R 表示圆心位置方法进行编程。

方法一：N04 G00 X20.0 Z2.0；
N05 G01 Z-30.0 F0.3；
N06 G02 X40.0 Z-40.0 I10.0 K0；

方法二：N04 G00 X20.0 Z2.0；
N05 G01 Z-30.0 F0.3；
N06 G02 X40.0 Z-40 R10.0；

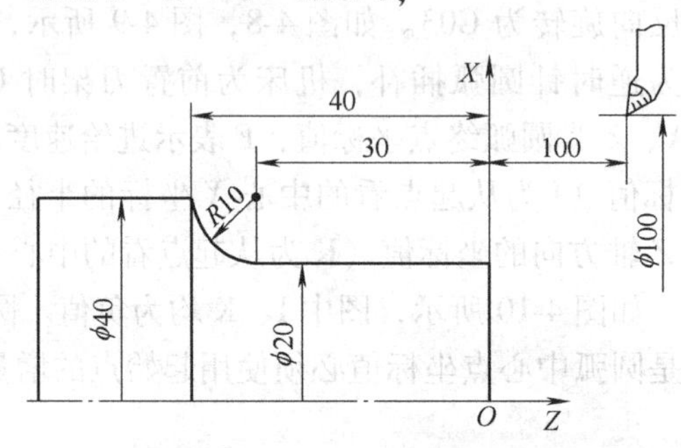

图 4-12 圆弧插补实例一

4.3.9 暂停指令 G04

指令格式：G04 P __；
G04 X __；

指令说明：指令可使刀具作短时间的无进给光整加工。指令单位为 0.001s；使用 P 指令时，该小数点指令无效。

程序例 6：G04 X200； 暂停时间 0.2s
G04 X2000； 暂停时间 2s
G04 X2.； 暂停时间 2s
G04 P2000； 暂停时间 2s
G04 P22.123； 暂停时间 0.022s

暂停指令 G04 主要用于如下几种情况：

横向切槽、倒角、车顶尖孔时，为了得到光滑平整的表面，使用暂停指令，使刀具在加工表面位置停留几秒钟再退刀。

对盲孔进行钻削加工时，刀具进给到孔底位置，用暂停指令使刀具作非进给光整切削，然后再退刀，保证孔底平整。

钻深孔时，为了保证良好的排屑及冷却，可以设定加工一定深度后短时间暂停，暂停结束后，继续执行下一程序段。

锪孔、车台阶轴清根时，刀具短时间内实现无进给光整加工，可以得到平整表面。

4.3.10　固定导程螺纹切削 G33

指令格式：G33　Z__　X__　Y__　F__　Q__　;

指令说明：*Z*、*X*、*Y* 为螺纹终点坐标；F 为螺纹导程；Q 为螺纹切削开始移位角度。

锥形螺纹的导程以长轴方向的导程决定，如图 4-13 所示，当 $\alpha<45°$时，导程以 *Z* 轴方向；当 $\alpha>45°$时，导程以 *X* 轴方向；当 $\alpha=45°$时，导程为 *X*、*Z* 轴方向都可以。

指令使用注意事项：

（1）请不要在锥形螺纹切削指令或是直螺纹切削指令中使用恒表面速度控制。

（2）在螺纹开始切削及螺纹切削结束时，通常会因为伺服系统的延迟而导致螺纹导程误差较大，因此在指定螺纹长度时，必须指定在所需螺纹长度上加上错误导程长度后的长度。

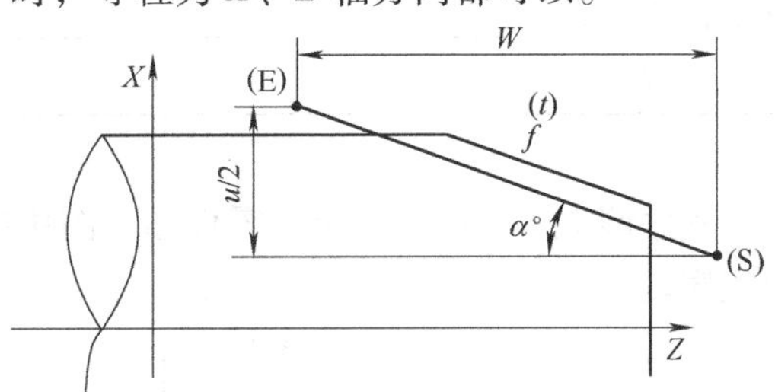

图 4-13　螺纹导程方向的确定

（3）在螺纹切削中，主轴倍率及切削进给倍率无效，变为 100% 固定。

（4）螺纹切削切削用量可参阅表 4-3、表 4-4。切削用量及切削次数可酌情配合增减。

表 4-3　公制螺纹

公制螺纹　牙深 H1 =0.6495P　P = 牙距								
牙距		1	1.5	2	2.5	3	3.5	4
牙深		0.649	0.974	1.299	1.624	1.949	2.273	1.598
切削量及切削次数/次	1	0.7	0.8	0.9	1	1.2	1.5	1.5
	2	0.4	0.6	0.6	0.7	0.7	0.7	0.8
	3	0.2	0.4	0.6	0.6	0.6	0.6	0.6
	4		0.16	0.4	0.4	0.4	0.6	0.6
	5			0.1	0.4	0.4	0.4	0.4
	6				0.15	0.4	0.4	0.4
	7					0.2	0.2	0.4
	8						0.15	0.3
	9							0.2

表 4-4 英制螺纹

英制螺纹 牙深 H1 = 0.6403P P = 牙距								
牙/寸		24	18	16	14	12	10	8
牙距		1.058	1.411	1.588	1.184	2.117	2.54	3.175
牙深		0.678	0.904	1.016	1.162	1.355	1.626	2.033
切削量及切削次数/次	1	0.8	0.8	0.8	0.8	0.9	1	1.2
	2	0.4	0.6	0.6	0.6	0.6	0.7	0.7
	3	0.16	0.3	0.5	0.5	0.6	0.6	0.6
	4		0.11	0.14	0.3	0.4	0.4	0.5
	5				0.13	0.21	0.4	0.5
	6						0.16	0.4
	7							0.17

程序例 7：如图 4-14 所示零件图，图中螺纹为三角螺纹，导程是 2.5mm，编制数控车削程序。

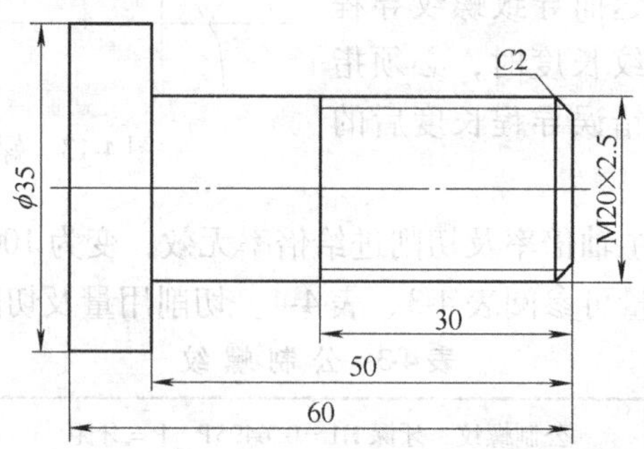

图 4-14 螺纹加工实例

```
程序：N10  G54  S300  M03  T1；                工艺参数设定
      N20  G00  X19  Z2；                      回起始点，主轴右转
      N30  G33  Z-30  F2.5；                   车螺旋线第一刀
      N40  G00  X25；                          径向退刀
      N50  G00  Z2；                           轴向返回
      N60  G00  X18.3  Z1；                    车螺旋线二刀
      N70  G33  Z-30  F2.5；
      N80  G00  X25；
      N90  G00  Z2；
      N100  G00  X17.7  Z1；                   车螺旋线第三刀
      N110  G33  Z-30  F2.5；
      N120  G00  X25；
```

```
N130  G00  Z2;
N140  G00  X17.3  Z1;                    车螺旋线第四刀
N150  G33  Z-30  F2.5;
N160  G00  X25;
N170  G00  Z2;
N180  G00  X16.9  Z1;                    车螺旋线第五刀
N190  G33  Z-30  F2.5;
N200  G00  X25;
N210  G00  Z2;
N220  G00  X16.75  Z1;                   车螺旋线第六刀
N230  G33  Z-30  F2.5;
N240  G00  X25;
N250  G00  Z2;
N260  G00  X100  Z100;
N270  M30;
```

程序例 8：车削直径为 50mm 的圆柱双头螺纹，螺纹长度（包括导入空刀量和导出空刀量）80mm，螺距为 2mm/r，右旋螺纹。

```
程序：N10  G54  S300  M03  T1;           工艺参数设定
      N20  G00  X49.6  Z1;               回起始点，主轴右转
      N30  G33  Z-80  F4  Q0;            车第一螺旋线第一刀
      N40  G00  X52;                     径向退刀
      N50  Z1;                           轴向返回
      N60  G00  X59.2  Z1;               继续分多刀车第一螺旋线
      N70  G33  Z-80  F4  Q0;
      N80  G00  X52;
      N90  Z1;
      ......
      N220  G00  X51.6  Z1;
      N230  G33  Z-80  F4  Q180;         车第二刀螺旋线
      N240  G00  X52;
      N250  Z1;
      ......
```

4.3.11　刀具半径补偿 G40、G41、G42

指令格式：G1　G41(G42)　X__　Y__　Z__　F__　D__;

　　　　　G400;

指令说明：在铣床上进行轮廓加工时，因为铣刀具有一定的半径，所以刀具中心（刀心）轨迹和工件轮廓不重合，但使用刀具半径补偿功能时，编程只需按工件轮廓线进行，数控系统会自动计算刀心轨迹坐标，使刀具偏离工件轮廓一个半径值，即进行半径补偿。如

图 4-15 所示，为刀具未补偿时，加工的零件未达到轮廓要求，如图 4-16 所示，刀具半径补偿时，加工的轨迹为零件要求的轨迹。

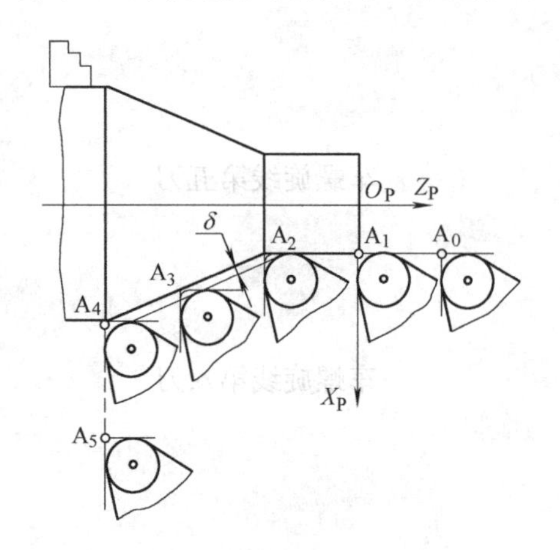

图 4-15　无刀具补偿的轨迹

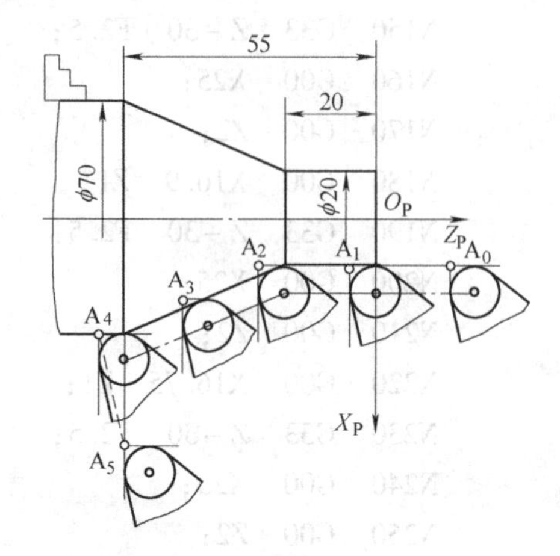

图 4-16　有刀具补偿的轨迹

G41 为刀具半径补偿（左补偿），G42 为刀具半径补偿（右补偿），G40 为取消半径补偿指令，*XYZ* 为移动坐标，F 为进给速度，D 为半径补偿指令，在刀具半径补偿中，H 指令被忽略，仅 D 指令有效。

在以下任何一个条件满足后，刀具半径补偿进入补偿取消模式：

1）接通电源；

2）按下设定显示装置的复位按钮；

3）执行带复位功能的 M02，M03；

4）执行补偿取消指令（G40）。

刀具的补偿的确定由加工方向确定，左补偿即沿进给前进方向观察，刀具处于工件轮廓的左边，如图 4-17 所示，右补偿即沿进给前进方向观察，刀具处于工件轮廓的右边，如图 4-18 所示。

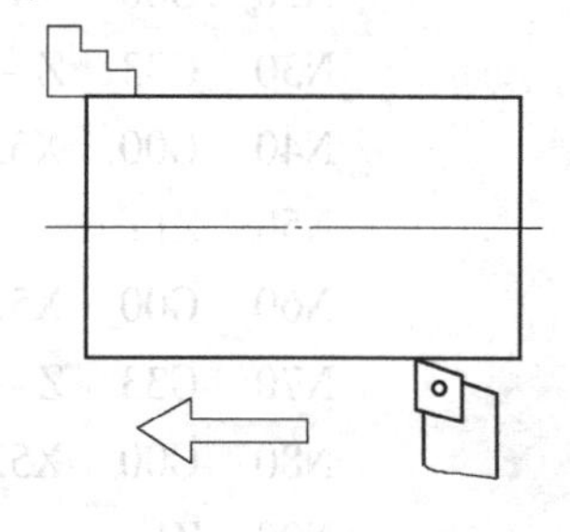

图 4-17　刀具左补偿

程序例 9：如图 4-19 所示零件图，编制数控车削程序，编程时考虑刀具半径补偿。

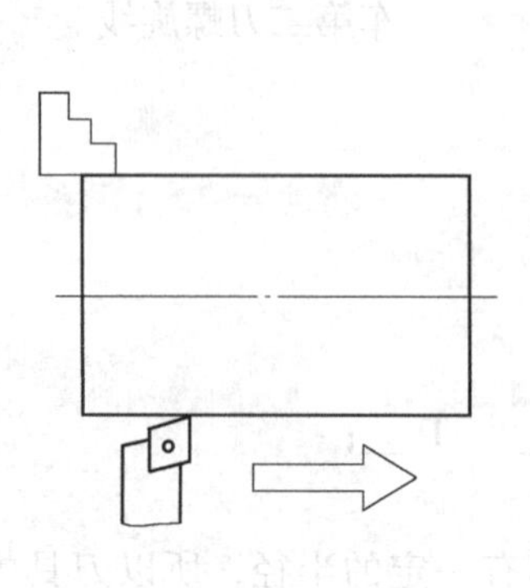

图 4-18　刀具右补偿

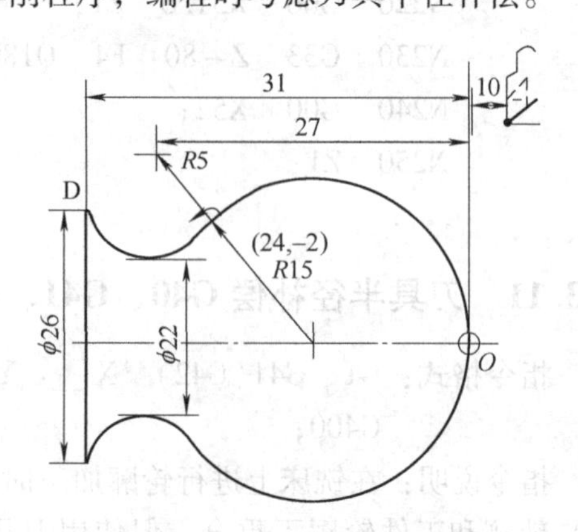

图 4-19　建立刀具补偿加工零件图

程序：O1111；

```
N10  G92  X40.0  Z10.0;
N20  T0101;
N30  M03  S400;
N40  G00  X40.0  Z5.0;
N50  G00  X0.0;
N60  G42  G01  Z0  F60;                 建立刀补
N70  G03  X24.0  Z-24.0  R15.0;
N80  G02  X26.0  Z-31.0  R5.0;
N90  G40  G00  X30.0;                   取消刀补
N100  G00  X45.0  Z5.0;
N110  M30;
```

4.3.12　单一固定循环切削指令

单一固定循环是用含G代码的一个程序段使刀具产生四个顺序动作，即刀具按约定的顺序依次执行“切入→切削→退刀→返回”，即一个循环过程。

外圆柱面车削固定循环G77

指令格式：G77　X/U __　Z/W __　F __；

指令说明：*X*、*Z* 为绝对编程时切削终点的坐标值，*U*、*W* 为增量编程时切削终点相对于循环起点的坐标量，*F* 为切削进给率。在循环加工过程中，除切削加工时，刀具按F指令速度运动外，刀具在切入、退出工件和返回起始点都是按快速进给速度（G00指令的速度）进给的。如图4-20所示为加工动作顺序。

程序例10：如图4-21所示零件图样，试用外圆车削固定循环编制加工程序。

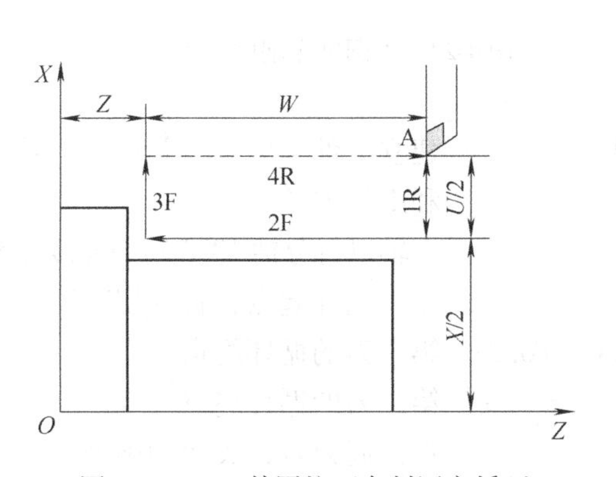

图4-20　G77外圆柱面车削固定循环

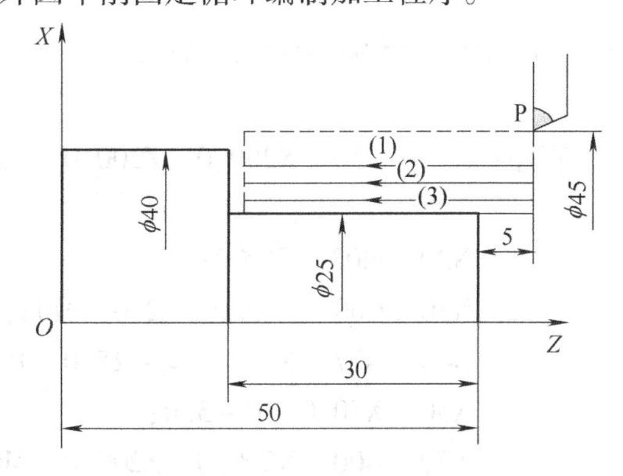

图4-21　外圆车削固定循环示例

程序：

```
N10  G50  X200.0  Z200.0  T0101;   建立工件坐标系，并选择1号刀和1号刀补
N20  M03  S1000;                   主轴以每分钟1000转的速度正转
N30  G00  X45.0  Z55.0  M08;       建立循环起点，打开切削液
N40  G77  X35.0  Z20.0  F0.2;      第一刀的循环终点
N50  X30.0;                        第二刀的循环终点
```

N60　X25.0;　　第三刀的循环终点

N70　G00　X200.0　Z200.0　M09;　返回起刀点，关闭切削液

N80　M30;　　程序结束

外圆锥面车削固定循环 G77

指令格式：G77　X/U＿　Z/W＿　R＿　F＿;

指令说明：X、Z 为绝对编程时切削终点的坐标值，U、W 为增量编程时切削终点相对于循环起点的坐标量。

R 为圆锥面切削的起点相对于终点的半径差。以增量值表示，其正负符号取决于锥端面位置，当刀具起于锥端大头时，R 为正值；起于锥端小头时，R 为负值。即如果切削起点的 X 向坐标小于终点的 X 向坐标，R 值为负，反之为正值。

F 为切削进给率，在循环加工过程中，除切削加工时，刀具按 F 指令速度运动外，刀具在切入、退出工件和返回起始点都是按快速进给速度（G00 指令的速度）进给的。如图 4-22 所示为加工动作顺序。

程序例 11：如图 4-23 所示零件图样，试用外圆锥车削固定循环编制加工程序。

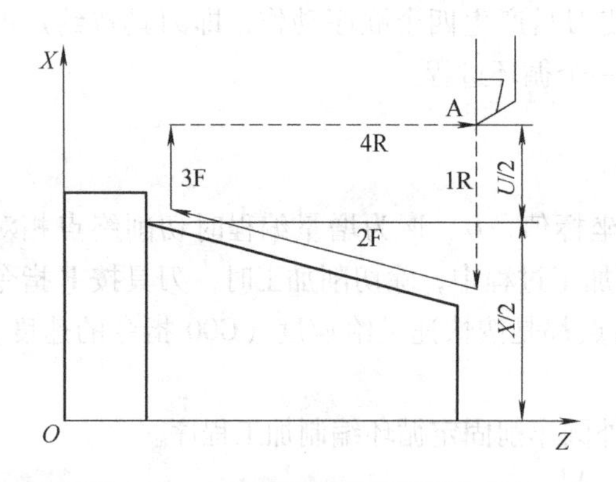

图 4-22　G77 外圆锥面车削固定循环

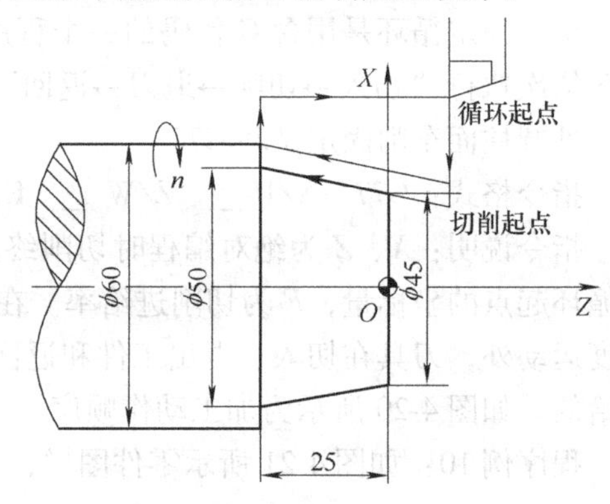

图 4-23　外圆锥车削固定循环示例

程序：N10　G50　X200.0　Z200.0　T0101;　建立工件坐标系，并选择 1 号刀和 1 号刀补

N20　M03　S1000;　主轴以每分钟 1000 转的速度正转

N30　G00　X65.0　Z2.0　M08;　建立循环起点，打开切削液

N40　G77　X60.0　Z−25.0　R−5.0　F0.2;　第一刀的循环终点

N50　X50.0　R−5.0;　第二刀的循环终点

N70　G00　X200.0　Z200.0　M09;　返回起刀点，关闭切削液

N80　M30;　程序结束

端面切削循环 G79

指令格式：G79　X/U＿　Z/W＿　F＿;

指令说明：X、Z 为绝对编程时切削终点的坐标值，U、W 为增量编程时切削终点相对于循环起点的坐标量，F 为切削进给率。在循环加工过程中，除切削加工时，刀具按 F 指令速度运动外，刀具在切入、退出工件和返回起始点都是按快速进给速度（G00 指令的速度）进给的。如图 4-24 所示为加工动作顺序。

圆锥端面固定切削循环 G79

指令格式：G79　X/U __　Z/W __　R __　F __;

指令说明：X、Z 为绝对编程时切削终点的坐标值，U、W 为增量编程时切削终点相对于循环起点的坐标量。

R 为圆锥面切削的起点相对于终点在 Z 轴方向的坐标分量。当起点 Z 向坐标小于终点 Z 向坐标时 K 为负，反之为正。

F 为切削进给率，在循环加工过程中，除切削加工时，刀具按 F 指令速度运动外，刀具在切入、退出工件和返回起始点都是按快速进给速度（G00 指令的速度）进给的。图 4-25 所示为加工动作顺序。

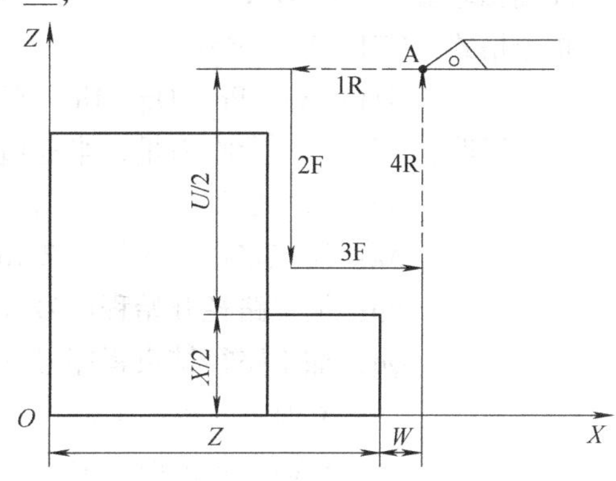

图 4-24　G79 端面车削固定循环

程序例 12：如图 4-26 所示零件图样，试用圆锥端面车削固定循环编制加工程序。

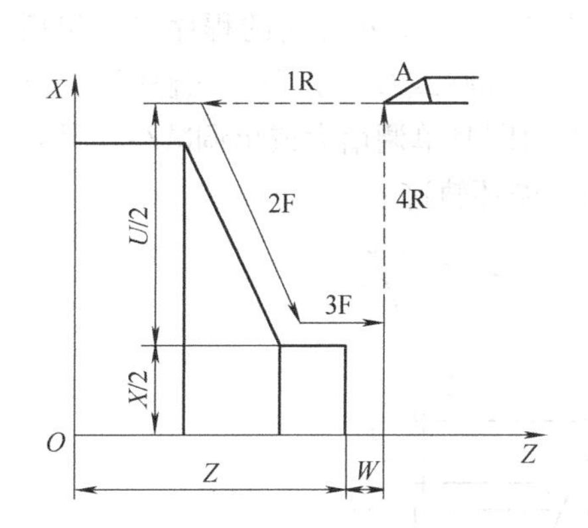

图 4-25　G79 圆锥端面车削固定循环

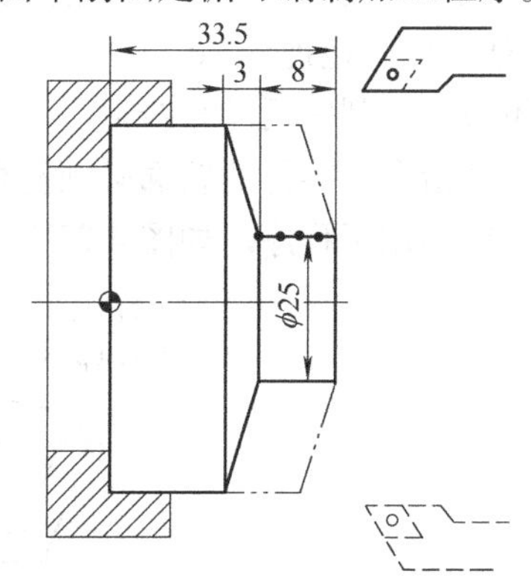

图 4-26　圆锥端面车削固定循环示例

程序：O1234;

N10　G54　G90　G00　X60　Z45　M03;	选定坐标系，主轴正转，到循环起点；
N20　G81　X25　Z31.5　K－3.5　F100;	加工第一次循环，吃刀深 2mm；
N30　X25　Z29.5　K－3.5;	每次吃刀均为 2mm；
N40　X25　Z27.5　K－3.5;	每次切削起点位，距工件外圆面 5mm，故 K 值为－3.5；
N50　X25　Z25.5　K－3.5;	加工第四次循环，吃刀深 2mm；
N60　M05;	主轴停；
N70　M30;	主程序结束并复位；

4.3.13　复合固定循环切削指令

用单一固定循环编程，刀具轨迹每次运动一个循环。若毛坯为下料件或铸锻件毛坯，余量大，要完成粗车过程，需人工分配切削次数和背吃刀量。复合循环编程，只需指定精加工路线和背吃刀量、精车余量等，数控系统可自动计算粗车的刀具进给路线，自动进行粗加工，简化编程。

外圆粗车复合循环 G71

指令格式：G71　Ud　Re；

　　　　　G71　Aa　Pp　Qq　Uu　Ww　Ff　Ss　Tt；

参数说明：Ud：每次背吃刀量，半径值；

　　　　　Re：每次切削加工后的退刀量；

　　　　　Aa：加工路径程序号（省略时为执行中的程序）；

　　　　　Pp：加工路径开始程序号（省略时为程序开头）；

　　　　　Qq：加工路径结束程序号（省略时至程序结束）；

　　　　　Uu：*X* 轴方向精加工量；

　　　　　Ww：*Z* 轴方向精加工量；

　　　　　Ff：切削速度；

　　　　　Ss，Tt：主轴指令、刀具指令。

指令说明：使用 G71 程序段粗车外圆时，u 值为正值；粗车内孔时，u 值为负值。

P、Q 后面的地址 p、q 与精加工路径起止顺序号对应。p、q 之间的程序段，包括快速定位，不包括切削完后的直线退刀。快速定位只能使用 G00 或 G01 指令，该程序段不能有 Z 方向的移动指令。零件的轮廓必须符合 X 轴、Z 轴方向同时单调增大或单调减少。并且在程序段中不能调用子程序。如图 4-27 所示为外圆粗加工循环轨迹。

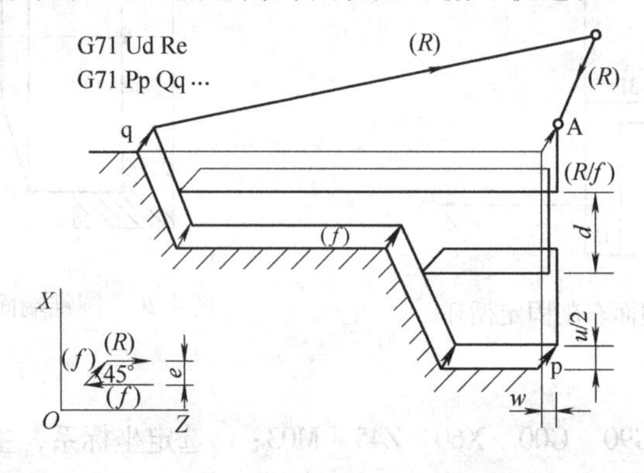

图 4-27　外圆粗加工循环轨迹

端面粗加工循环 G72

指令格式：G72　Wd　Re　Hh；

　　　　　G72　Ae　Pp　Qq　Uu　Ww　Ff　Ss　Tt；

参数说明：Ud：每次背吃刀量，半径值；

　　　　　Re：每次切削加工后的退刀量；

　　　　　Aa：加工路径程序号（省略时为执行中的程序）；

　　　　　Pp：加工路径开始程序号（省略时为程序开头）；

　　　　　Qq：加工路径结束程序号（省略时至程序结束）；

　　　　　Uu：X 轴方向精加工量；

　　　　　Ww：Z 轴方向精加工量；

Ff：切削速度；

Ss，Tt：主轴指令、刀具指令。

指令说明：G72 适用于 Z 方向余量小，X 方向余量大的棒料粗加工的情况，其刀具循环路径如图 4-28 所示。程序中 d 值在 G72 循环中是指平行于 Z 轴的切削深度。

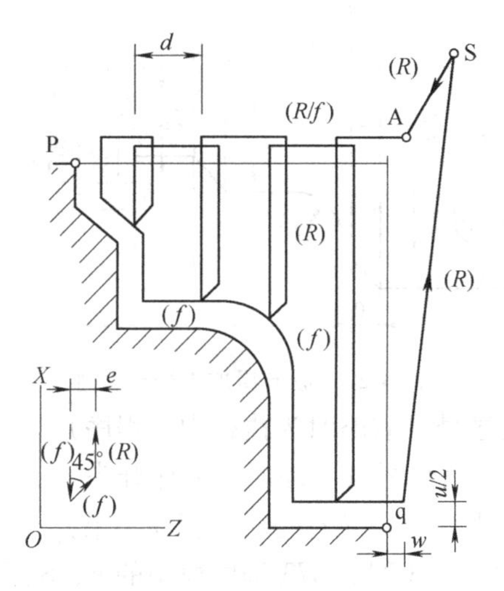

图 4-28　端面粗加工循环轨迹

成形加工循环 G73

指令格式：G73　Ui　Wk　Rd；

G73　Aa　Pp　Qq　Uu　Ww　Ff　Ss　Tt；...

参数说明：Ui：X 轴方向切削量，即 X 轴的退刀距离和方向，实际上是切削循环的 X 方向总加工余量，与毛坯的加工余量有关；

Wk：Z 轴方向切削量，即循环起点离工件零点端面的距离；

Rd：循环次数，即与背吃刀量有关；

Aa：加工路径程序号（省略时为执行中的程序）；

Pp：加工路径开始程序号（省略时为程序开头）；

Qq：加工路径结束程序号（省略时至程序结束）；

Uu：X 轴方向精加工量；

Ww：Z 轴方向精加工量；

Ff：切削速度；

Ss，Tt：主轴指令、刀具指令。

指令说明：G73 适用于毛坯轮廓形状与零件轮廓形状基本接近时的粗车。如一些锻件、铸件的粗车。执行 G73 指令功能时，每一刀的加工路线的轨迹形状是相同的，只是位置不同。每走完一刀，就把加工轨迹向工件方向移动一个距离，这样就可以将锻件待加工表面上分布较均匀的加工余量分层切去。图 4-29 所示为成形粗加工循环轨迹。

精加工循环　G70

指令格式：G70　A＿　P＿　Q＿；... 精加工循环

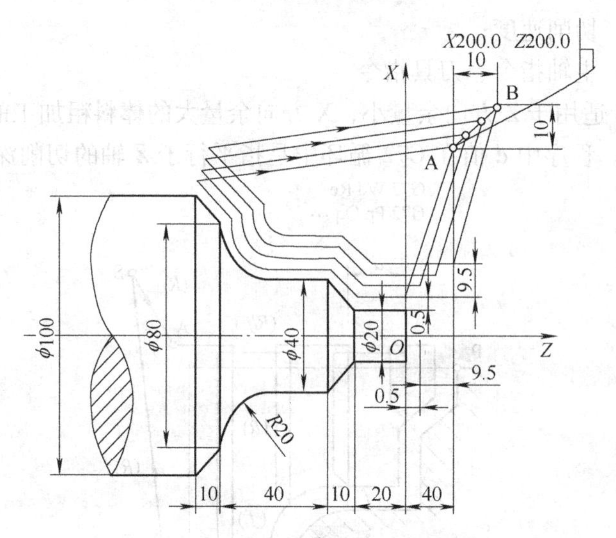

图 4-29　成形粗加工循环轨迹

参数说明：Aa：加工路径程序号（省略时为执行中的程序）

Pp：加工路径开始程序号（省略时为程序开头）

Qq：加工路径结束程序号（省略时至程序结束）

指令说明：精加工时，G71、G72、G73 程序段中的 F、S、T 指令无效，只有在 p、q 程序段中的 F、S、T 才有效。精车时的加工余量是粗车循环时留下的精车余量，加工轨迹是工件的轮廓线。

程序例 13：如图 4-30 所示，请用粗车外圆循环，精车外圆循环编制加工程序。

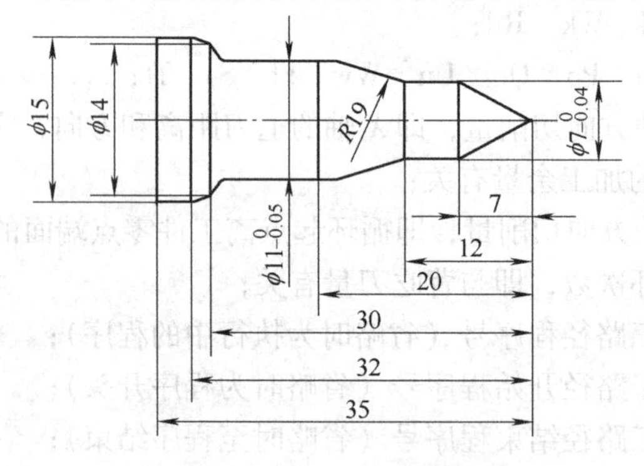

图 4-30　复合循环示例一

```
程序：T0101；
      M03　S600　F0.3；
      G0　X20；
      Z5；
      G71　U1　R0.5；
      G71　P10　Q50　U0.3；
N10   G1　X0；
      Z0；
      G1　X7　Z-7；
```

```
     G1   X7   Z-12;
     G3   X11  Z-20;
     G1   X11  Z-28.5;
     G2   X14  Z-30   R1.5;
     G1   X15  Z-32;
N50  G1   X15  Z-35;
     G0   X50;
     Z200;
     T0101;
     M03  S1200  F0.1;
     G0   X20;
     Z5;
     G70  P10  Q50;
     G0   X50;
     Z200;
     T0202;
     M03  S400  F0.04;
     G0   X20;
     Z-49.3;
     G1   X0;
     G1   X20;
     G0   X20;
     Z500;
     M30;
```

程序例 14：如图 4-31 所示，请用粗车外圆循环，精车外圆循环编制加工程序。

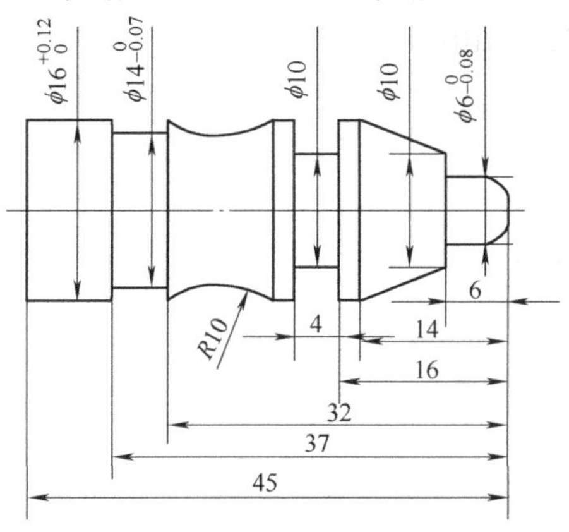

图 4-31　复合循环示例二

```
程序：T0101;
     M03  S600  F0.3;
     G0   X20;
```

```
    Z5;
    G71  U1  R0.5;
    G71  P10  Q50  U0.3;
N10 G1  X0;
    Z0;
    G3  X6  Z-3  R3;
    G1  X6  Z-6;
    G1  X10  Z-6;
    G1  X14  Z-14;
    G1  X14  Z-37;
    G1  X16  Z-37;
N50 G1  X16  Z-45;
    G0  X50;
    Z200;
    T0101;
    M03  S1200  F0.1;
    G0  X20;
    Z5;
    G70  P10  Q50;
    G0  X50;
    Z200;
    T0101;
    M03  S1000  F0.2;
    G0  X18  Z-22;
    G1  X14  Z-22;
    G2  X14  Z-32  R10;
    G0  X50;
    Z200;
    T0202;
    M03  S400  F0.04;
    G0  X18;
    Z-20;
    G1  X10;
    G4  F5;
    G0  X50;
    Z200;
    T0202;
    M03  S400  F0.04;
    G0  X18;
```

```
Z -49.3;
G1  X0;
G1  X18;
G0  X50;
Z200;
M30;
```

复合型螺纹切削循环 G76

指令格式：G76　Pmra　Q(Δdmin)　Rd;

　　　　　G76　X/U　Z/W　Ri　Pk　Q(Δd)　Fl;

参数说明：m：精车重复次数，从 1 ~99;

r：斜向退刀量单位数，或螺纹尾端倒角值，在 0.0f ~9.9f 之间，以 0.1f 为一单位，(即为 0.1 的整数倍)，用 00 ~99 两位数字指定，(其中 f 为螺纹导程)；

a：刀尖角度（刀具角度）；从 80°、60°、55°、30°、29°、0°六个角度选择（m、r、α 用地址 P 同时指定，如：m =2，r =1.2f，α =60°表示 P021260)；

Δdmin：表示最小切削深度，当计算深度小于 Δdmin，则取 Δdmin 作为切削深度，用半径编程指定（μm)；

d：表示精加工余量，用半径编程指定（μm)；

Δd：表示第一次粗切深（半径值）（μm)；

X、Z：表示螺纹终点的坐标值；

U：表示增量坐标值；

W：表示增量坐标值；

i：表示锥螺纹的半径差，即螺纹切削起始点与切削终点的半径差；加工圆锥螺纹时，当 X 向切削起始点坐标小于切削终点坐标时，i 为负，反之为正。若 i =0，则为直螺纹。

指令说明：复合型螺纹切削循环 G76 可以完成一个螺纹段的全部加工任务。它的进刀方法有利于改善刀具的切削条件，在编程中应优先考虑应用该指令。

程序例 15：如图 4-32 所示，请用复合循环指令编制加工程序。

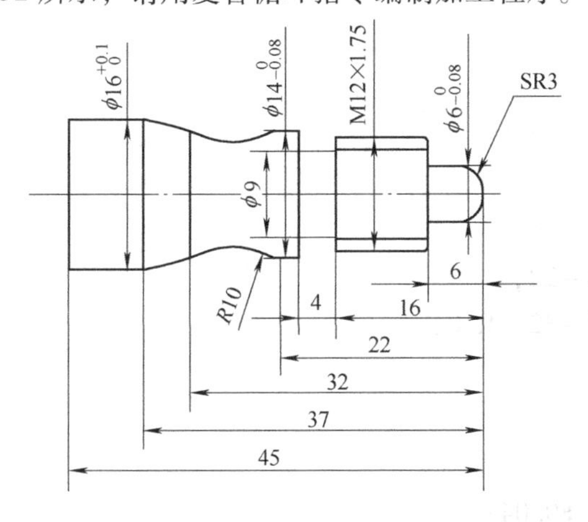

图 4-32　复合循环示例三

```
程序：T0101;
      M03  S600  F0.3;
      G0  X20;
      Z5;
      G71  U1  R0.5;
      G71  P10  Q50  U0.3;
N10   G1  X0;
      Z0;
      G3  X6  Z-3  R3;
      G1  X6  Z-6;
      G1  X10.8  Z-6;
      G1  X11.8  Z-6.5;
      G1  X11.8  Z-15.5;
      G1  X10.8  Z-16;
      G1  X10.8  Z-20;
      G1  X14  Z-20;
      G1  X14  Z-32;
      G1  X16  Z-37;
N50   G1  X16.06  Z-45.5;
      G0  X50;
      Z200;
      T0101;
      M03  S1200  F0.1;
      G0  X20;
      Z5;
      G70  P10  Q50;
      G0  X50;
      Z200;
      T0101;
      M03  S1000  F0.1;
      G0  X18;
      Z-22;
      G1  X14  Z-22;
      G2  X14  Z-32  R10;
      G0  X50;
      Z200;
      T0202;
      M03  S400  F0.04;
      G0  X18;
```

```
Z-20;
G1  X14  Z-20;
G1  X9;
G4  F5;
G0  X50;
Z200;
T0303;
M03  S400  F0.04;
G0  X11.8  Z2;
G76  P150060  Q100  R0.1;
G76  X9  Z-17  R0  P900  Q200  F1.75;
G0  X50;
Z200;
T0202;
M03  S400  F0.04;
G0  Z20  Z-49.5;
G1  X0;
G1  X20;
G0  X50;
Z200;
M30;
```

4.4　数控车床加工编程实例

例 1：如图 4-33 所示加工零件图，请根据图样要求编制出加工程序。

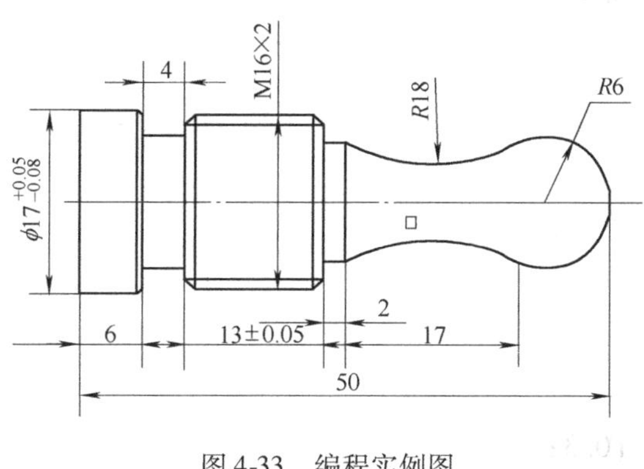

图 4-33　编程实例图

程序：
```
M03  S800  F0.3;
G0  X20;
Z5;
```

```
    G73  U5  W0  R10;
    G73  P10  Q50  U0.1  W0.1  F0.3;
N10 G1  X0;
    Z0;
    G3  X11  Z-8.66  R6;
    G2  X11  Z-25  R18;
    G1  X11  Z-27;
    G1  X13.8  Z-27;
    G1  X15.8  Z-28;
    G1  X15.8  Z-39;
    G1  X13.8  Z-40;
    G1  X13.8  Z-44;
    G1  X16  Z-44;
    G1  X17  Z-44.5;
N50 G1  X17  Z-51;
    G0  X50;
    Z200;
    T0101;
    M03  S1200  F0.1;
    G0  X20;
    Z5;
    G70  P10  Q50;
    G0  X50;
    Z200;
    T0202;
    M03  400  F0.04;
    G0  X18;
    Z-44;
    G1  X12;
    G4  F5;
    G1  X18;
    G0  X50;
    Z200;
    T0303;
    M03  S400  F0.3;
    G0  X15.8  Z-20;
    G76  P150060  Q100  R0.1;
    G76  X12.6  Z-42  R0  P900  Q200  F2;
    G0  X50;
```

```
Z200;
T0202;
M03  S400  F0.04;
G0  X20;
Z-54.3;
G1  X0;
G1  X20;
G0  X50;
Z200;
M30;
```

例 2：如图 4-34 所示加工零件图，请根据图样要求编制出加工程序。

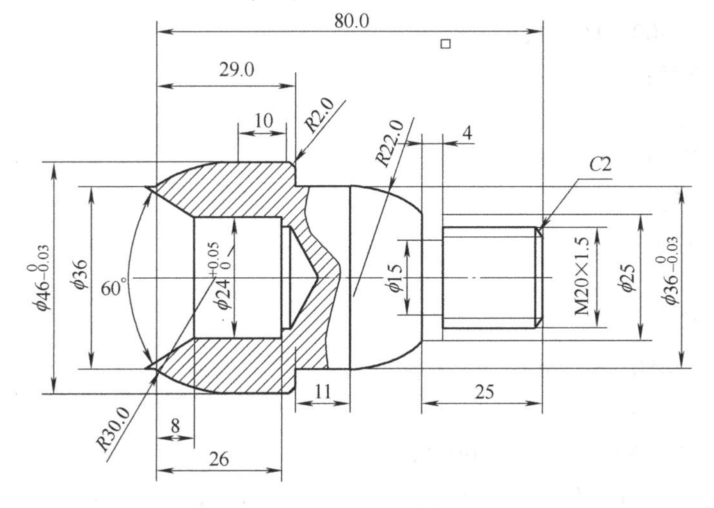

图 4-34　编程实例图

程序：O0010;

```
        T0101;
        M03  S600  F0.3;
        G0  X50;
        Z5;
        G71  U1  R0.5;
        G71  P10  Q50  U0.3;
N10     G1  X16;
        Z0;
        G1  X19.8  Z-2;
        G1  Z-25;
        G3  X36  Z-40  R22;
        G1  Z-51;
        G1  X42;
        G3  X46  Z-53  R2;
```

```
N50   G1   Z-65;
      G0   X50;
      Z200;
      T0101;
      M03   S1200   F0.1;
      G0   X20;
      Z5;
      G70   P10   Q50;
      G0   X50;
      Z200;
      T0202;
      M03   S400   F0.04;
      G0   X22;
      Z-25;
      G1   X15;
      G4   F5;
      G0   X50;
      Z200;
      T0303;
      M03   S400   F0.04;
      G0   X19.8   Z2;
      G76   P150060   Q100   R0.1;
      G76   X18.1   Z-17   R0   P800   Q200   F1.5;
      G0   X50;
      Z200;
      M30;
O0020;
      T0101;
      M03   S600   F0.3;
      G0   X50;
      Z5;
      G71   U1   R0.5;
      G71   P10   Q50   U0.3;
N10   G1   X36;
      Z0;
N50   G3   X46   Z-17   R30;
      G0   X50;
      Z200;
      T0101;
```

```
        M03   S1200   F0.1;
        G0   X20;
        Z5;
        G70   P10   Q50;
        G0   X50;
        Z200;
        T0404;
        G0   X22   Z2;
        G71   U1   R0.5;
        G71   P10   Q50   U0.3;
N10     G1 X34;
        Z0;
        G1   X24   Z-8;
N50     G1   Z-26;
        G0   X50;
        Z200;
        T0101;
        M03   S1200   F0.1;
        G0   X20;
        Z5;
        G70   P10   Q50;
        G0   X50;
        Z200;
        M30;
```

例 3：如图 4-35 所示加工零件图，请根据图样要求编制出加工程序。

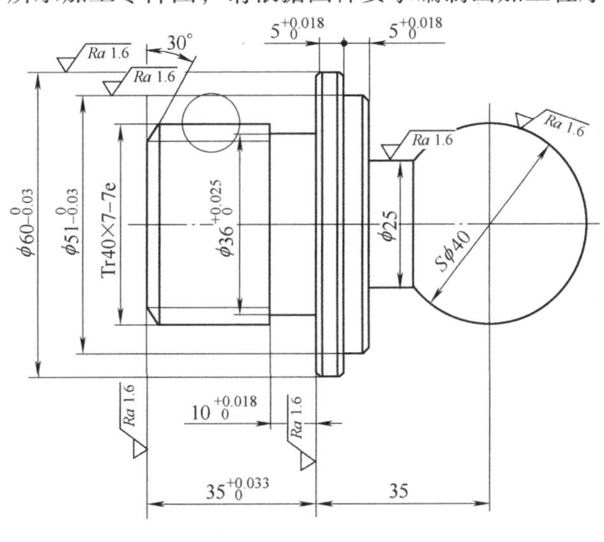

图 4-35　编程实例图

```
程序：O0050;
      T0101;
      M03   S600   F0.3;
      G0   X65;
      Z5;
      G71   U1   R0.5;
      G71   P10   Q50   U0.3;
N10   G1   X36;
      Z0;
      G1   X40   Z-2;
      G1   Z-35;
      G1   X58;
      G1   X60   Z-36;
N50   G1   Z-36;
      G0   X50;
      Z200;
      T0101;
      M03   S1200   F0.1;
      G0   X20;
      Z5;
      G70   P10   Q50;
      G0   X50;
      Z200;
      T0202;
      M03   S400   F0.04;
      G0   X42;
      Z-29;
      G1   X36;
      G4   F5;
      G0   X42;
      Z-33;
      G1   X36;
      G4   F5;
      G0   X42;
      Z-25;
      G1   X36;
      G4   F5;
      G0   X42;
      Z200;
```

```
        T0303;
        M03  S400  F0.04;
        G0  X39.8  Z2;
        G76  P550060  Q100  R0.1;
        G76  X33  Z-27  R0  P800  Q200  F7;
        G0  X50;
        Z200;
        M30;
        O0030;
        M03  S800  F0.3;
        G0  X65;
        Z5;
        G73  U5  W0  R10;
        G73  P10  Q50  U0.1  W0.1  F0.3;
N10     G1  X0;
        Z0;
        G3  X25  Z-35.6  R20;
        G1  Z-45;
        G1  X49  Z-45;
        G1  X51  Z-46;
        G1  Z-50;
        G1  X58  Z-50;
        G1  X60  Z-51;
N50     G1  Z-56;
        G0  X50;
        Z200;
        T0101;
        M03  S1200  F0.1;
        G0  X20;
        Z5;
        G70  P10  Q50;
        G0  X50;
        Z200;
        M30;
```

4.5　思考题

1. 程序段前加上“/”有何作用？举例说明其应用意义？
2. 编程圆弧时其插补方向 G2/G3 如何判定？

3. 在数控车床上如何车削多头螺纹？

4. 车床刀具半径补偿有何意义？如何建立刀具半径补偿？在圆弧程序段能建立刀具半径补偿吗？

5. 如图 4-36 所示零件图样，根据工艺要求，选择刀具并编制加工程序。

6. 如图 4-37 所示零件图样，根据工艺要求，选择刀具并编制加工程序。

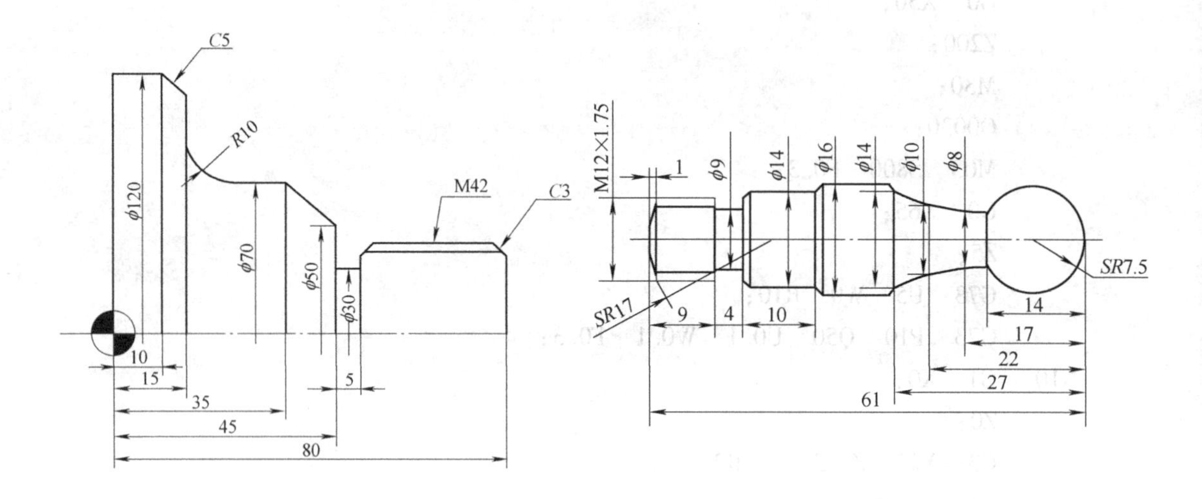

图 4-36　编程零件图

图 4-37　编程零件图

7. 如图 4-38 所示零件图样，根据工艺要求，选择刀具并编制加工程序。

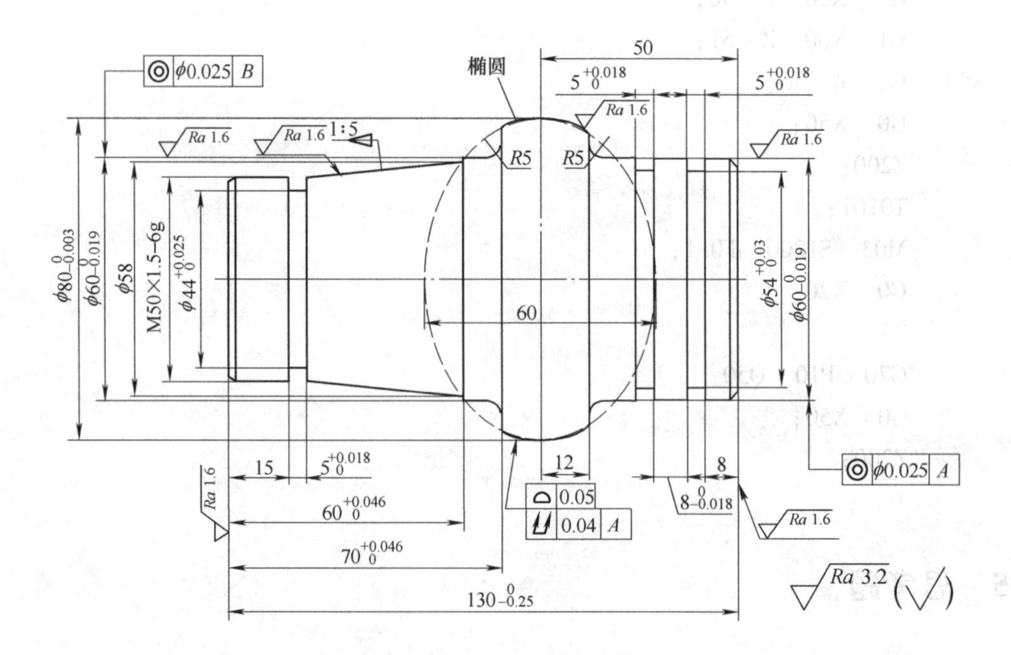

图 4-38　编程实例图

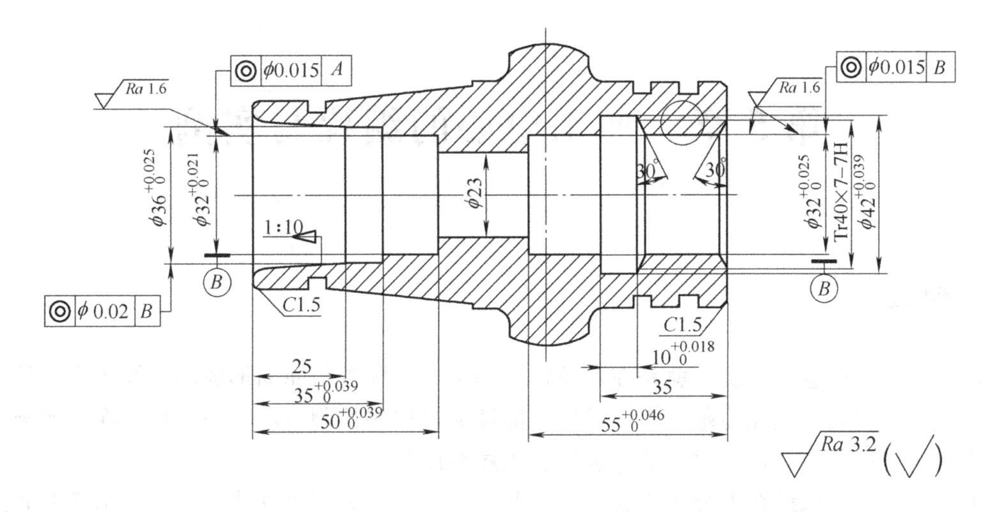

图 4-38　编程实例图（续）

8. 如图 4-39 所示零件图样，根据工艺要求，选择刀具并编制加工程序。

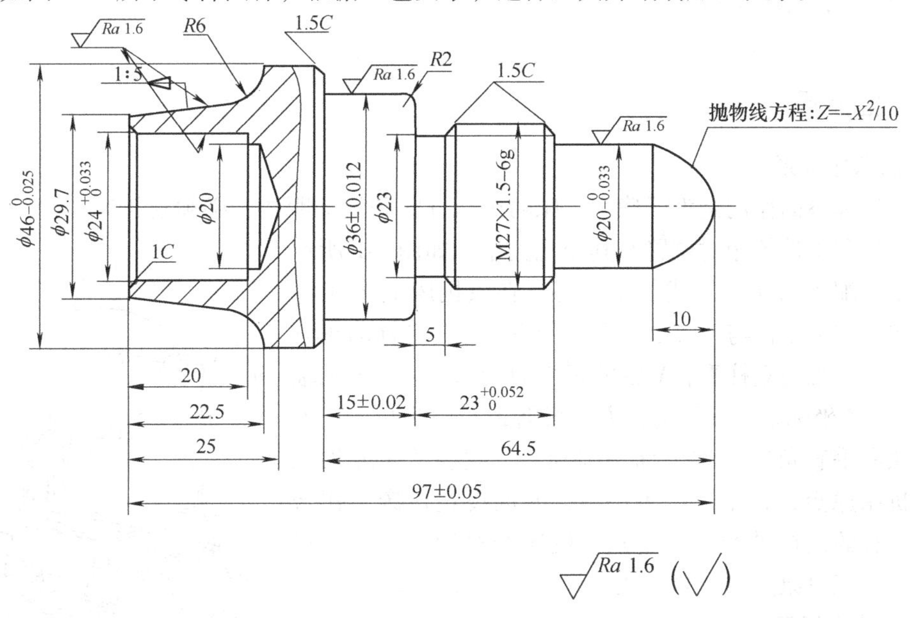

图 4-39　编程实例图

第5章 加工中心的编程与实例

5.1 概述

加工中心一般意义上讲，就是在数控铣床的基础上配置刀库而形成的数控机床，从而实现自动换刀，使其工艺能力范围得以扩展。能够通过程序控制自动更换刀具，在一次装夹中完成铣、镗、钻、扩、铰、攻螺纹等加工，工序高度集中。

加工中心从机床结构上分为立式、卧式两大类，目前大都以立式为主，故本章节介绍立式加工中心的程序编写。

5.2 编程的基本原理

5.2.1 坐标系

1. 机床坐标系

机床坐标系的作用是为了确定机床的运动方向和运动距离，必须在机床上建立坐标系，以描述刀具和工件的相对位置及其变化关系。如图5-1所示为一个基本配置的典型立式加工中心。在该机床上*Z*坐标的正方向为增大工件与刀具之间距离的方向。*X*坐标的正方向为从刀具主轴向立柱看，*X*轴的正方向指向右。*Y*坐标轴垂直于*X*、*Z*坐标轴，其运动正方向根据*X*和*Z*坐标的正方向，按照右手直角笛卡尔坐标法则判断。数控铣床或加工中心的机床原点，各生产厂不一致，有的设在机床工作台的中心，有的设在进给行程终点。机床开机后，一般通过回参考点实现对原点的校验，从而建立起机床坐标系。

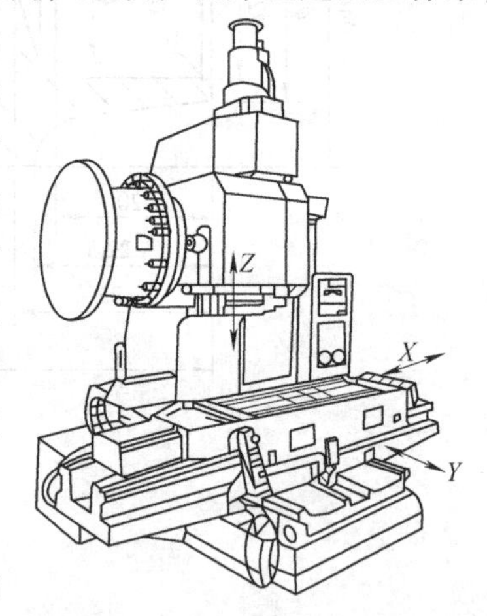

图5-1 加工中心机床坐标系

2. 工件坐标系

工件坐标系是编程人员在编制程序时用来确定刀具和程序起点的，该坐标系的原点可由使用人员根据具体情况确定，但坐标轴的方向应与机床坐标系一致并且与之有确定的尺寸关系。工件坐标系原点的选择，原则上应尽量使编程简单、尺寸换算少、引起的加工误差小。一般情况下，工件原点应尽可能选在尺寸标注基准或定位基准上；对称零件编程原点应尽可能选在对称面上；对于一般零件，选在工件外轮廓的某一角上；*Z*轴方向的原点，一般设在工件表面。如图5-2所示。

3. 工件坐标系的设置

加工工件时，工件必须定位夹紧在机床上，保证工件坐标系坐标轴平行于机床坐标系坐标轴，由此在 Z 坐标上产生机床原点与工件原点的坐标偏移量，该值作为可设定零点偏移量输入到给定的数据区，即偏置寄存器中。当 NC 程序运行时，此值可以用一个对应的编程指令进行选择调用，从而确定工件在机床上的装夹位置。而系统中偏置寄存器使用的代码是 G54 ~ G59。

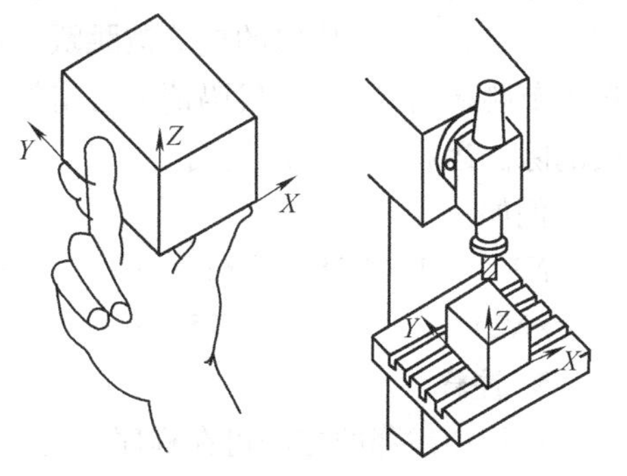

图 5-2　工件坐标系

5.2.2　程序结构

数控加工中，为使机床运行而送到 CNC 的一组指令称为程序。每一个程序都是由程序号、程序内容和程序结束三部分组成。程序的内容则由若干程序段组成，程序段是由若干字组成，每个字又由字母和数字组成。即字母和数字组成字，字组成程序段，程序段组成程序。

1. 程序名

程序名为程序的开始部分，为了区别存储器中的程序，每个程序都要有程序编号，在编号前采用程序编号地址码。如在三菱系统中，采用英文字母“O”（字母 O）和接在后面的最多 8 位数值作为程序名。例如 O12345678。

2. 程序内容

程序内容是整个程序的核心，由许多程序段组成，每个程序段由一个或多个指令组成，它代表机床的一个位置或一个动作，每一程序段结束用“;”号。

3. 程序结束

以程序结束指令 M02 或 M30 作为整个程序结束的符号。

例如：

```
程序编号：    O12345678
程序内容：    G0  G28  G91  Z0;
              M06  T2;                              T02 号刀（钻定位孔）
              G0  G90  G54  X0  Y0;                 建立工件坐标系
              S900  M03;
              G43  G00  Z50  D2;
              M08;
              G98  G81  X0  Y0  Z-4  R2  F80;       定位并定义固定循环
              X0  Y100  Z-16.5  R10;
              X84.419  Y-49.979;
              G80;
              M05  M09;
              G00  Z20;
              G00  X0  Y0;
程序结束段：  M30;
```

4. 可被跳跃的程序段

有些程序不需要在每次运行中都执行的程序段可以被跳跃过去，为此需要在这些程序段的段号之前输入反斜线符“/”。通过操作机床控制面板上当可选单节跳跃开关为 ON 时，单节开头带有“/”代码的单节被跳跃，可选单节跳跃开关为 OFF 时，执行可选单节跳跃。可选单节跳跃用的“/”代码请务必附加在单节的开头。如果插入到单节的中间，则作为用户宏的除法运算命令加以使用。

例如：

N20　G1　X25.　/Z25；……………错误（用户宏的除法运算命令，此时为程序错误）

/N20　G1　X25.　Z25；……………正确

5. 注释

利用加注释的方法可在程序中对程序段进行必要的说明，以便于操作者理解编程者的意图。注释仅作为对操作者的提示在屏幕上，需要“；”与程序段隔开。系统并不对其进行解释执行，因此不受编程语法限制，甚至可用于中文表达。

5.3　数控编程 G 指令功能表

编程指令集包含了系统全部的编程指令，它代表了系统编程能力的强弱。MITSUBISHI M70V 指令集见表 5-1。

表 5-1　G 代码一览表

G 代码	功能	常用功能○/特殊功能△	G 代码	功能	常用功能○/特殊功能△
G00	快速定位	○	G37.1	棋盘式等距离循环	○
G01	直线切削	○	G40	刀具半径补偿取消	○
G02	顺时针圆弧切削	○	G41	刀具半径补偿（左侧）	○
G03	逆时针圆弧切削	○	G42	刀具半径补偿（右侧）	○
G04	暂停指令	○	G43	刀具长度补偿（+）	○
G09	确认停止检查	○	G44	刀具长度补偿（-）	○
G10	程式补正输入设定	△	G49	刀具长度补偿取消	○
G11	程式补正输入取消	△	G50	比例缩放取消	△
G15	极坐标系统取消	△	G51	比例缩放打开	△
G16	极坐标系统设定	△	G52	局部坐标系设定	△
G17	平面选择 $X-Y$	○	G53	局部坐标系选择	△
G18	平面选择 $Z-X$	○	G54	工件坐标系 1	○
G19	平面选择 $Y-Z$	○	G55	工件坐标系 2	○
G20	英制输入	○	G56	工件坐标系 3	○
G21	公制输入	○	G57	工件坐标系 4	○
G28	自动复位机械原点	○	G58	工件坐标系 5	○
G34	圆周孔循环	○	G59	工件坐标系 6	○
G35	斜线等距循环	○	G60	单向定位	△
G36	圆弧等角不等分循环	○	G61	确认停止模式	△

（续）

G代码	功能	常用功能○/特殊功能△	G代码	功能	常用功能○/特殊功能△
G62	自动转角加速度	△	G84	固定循环（攻丝）	○
G63	攻丝模丝	△	G85	固定循环（镗孔）	○
G64	切削模式	△	G86	固定循环（镗孔）	○
G68	旋转坐标系 ON	△	G87	固定循环（背镗）	○
G69	旋转坐标系 OFF	△	G88	固定循环（精镗）	○
G73	固定循环（步进）	○	G89	固定循环（精镗）	○
G74	固定循环（反向攻丝）	○	G90	绝对值指令	○
G75	固定循环（圆切削）	○	G91	增量值指令	○
G76	固定循环（精镗）	○	G92	坐标系设定变更	○
G81	固定循环（定点钻孔）	○	G98	固定循环 初始返回	○
G82	固定循环（钻孔/镗孔）	○	G99	固定循环 R点返回	○
G83	固定循环（深钻孔）	○			

5.3.1　坐标平面选择指令

程序格式为：G17；

G18；

G19；

指令说明：G17、G18、G19 指令功能为指定坐标平面，都是模态指令，相互之间可以注销。

G17、G18、G19 分别指定空间坐标系中的 *XY* 平面、*ZX* 平面和 *YZ* 平面，如图 5-3 所示，其作用是让机床在指定坐标平面上进行插补加工和加工补偿。

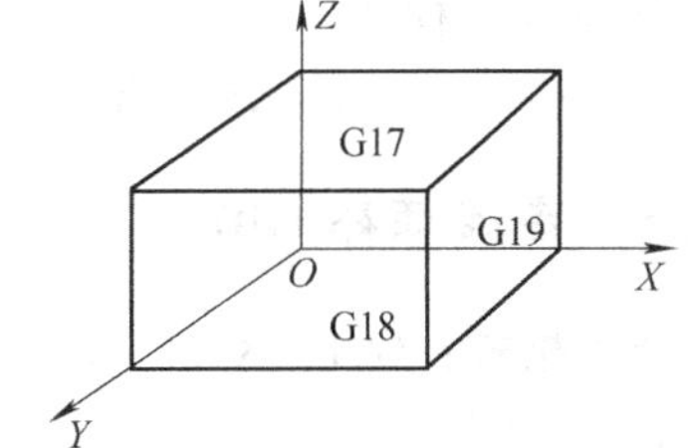

图 5-3　平面坐标系定义

对于三坐标数控铣床和数控加工中心，开机后数控装置自动将机床设置成 G17 状态，如果在 *XY* 坐标平面内进行轮廓加工，就不需要由程序设定 G17。同样，数控车床总是在 *XZ* 坐标平面内运动，在程序中也不需要用 G18 指令指定。

5.3.2　绝对值编程指令 G90 与增量值编程指令 G91

程序格式为：G90；

G91；

指令说明：绝对值编程指令是 G90，增量值编程指令是 G91，它们是一对模态指令。G90 出现后，其后的所有坐标值都是绝对坐标，当 G91 出现以后，G91 以后的坐标值则为相对坐标，直到下一个 G90 出现，坐标又改回到绝对坐标。G90 为默认值。

选择合适的编程数据输入制式可以简化编程。当图样尺寸由一个固定基准标注时，则采用 G90 较为方便；当图样尺寸采用链式标注时，则采用 G91 较为方便；对于一些规则分布的重复结构要素，采用子程序结合 G91 可以大大简化程序。

5.3.3　G28 经中间点自动复归机械原点

程序格式　G28　X __　Y __　Z __；

指令说明：X、Y、Z 数值为中间点的坐标值。G28 为刀具以 G00 速度，经过指定轴指定的坐标点自动复归机械原点；经过中间点复归机械原点的目的是避开加工障碍物或执行刀具交换。

G28 指令在执行前，需要取消所有的刀具补偿功能（包括刀具长度补偿和半径补偿）。虽然大部分数控系统会在执行 G28 命令前，自动取消刀具补偿功能。但对编程者而言，还是需要养成一个建立补偿后，执行 G28 指令前先取消补偿的编程习惯。

刀具补偿功能只要建立就一直有效。也就是说如果加入 G28（返回参考点），G29（从参考点返回）、G92（设定工件坐标系）指令，当这些指令被执行时，刀具补偿功能暂时被取消。但数控系统依然存在补偿方式。在执行下一程序段时，补偿状态就会自动恢复。

5.3.4　定位（快速进给）G00

指令格式：G00　X __　Y __　Z __；

指令说明：X、Y、Z 表示各轴的定位坐标值，通过程式中 G90 或 G91，可将坐标指令作为绝对值或增量值指令使用。G00 为快速定位至坐标值或距离所指定位置，其位移速率以机械最快速率位移。指令只适于刀具快速定位，不适于切削加工。

指令一旦生成，持续有效，直至 G01、G02 或 G03 指令指定止。G 指令后无阿拉伯数字时，视为 G00 模式。

程序例 1：G00　X50　Y70　Z50；

5.3.5　直线插补 G01

指令格式：G01　X __　Y __　Z __；

指令说明：X、Y、Z 表示各轴的定位坐标值，通过程序中 G90 或 G91，可将坐标指令作为绝对值或增量值指令使用。

一旦此指令生成，持续有效，直至 G00、G02 或 G03 指令指定止。G01 指令有效时，其后面不必再指定，只需要改变坐标值或速度值，最开始 G01 指令中无设定 F 值，则机床报警。

G01 为直线切削至坐标点或距离所指定位置，其切削速率由进给率 F 来指定，单位为 mm/min。

程序例 2：如图 5-4 所示路径，坐标系原点 O 是程序起始点，要求刀具由 O 点快速移动到 A 点，然后沿 AB、BC、CD、DA 实现直线切削，再由 A 点快速返回程序起始点 O，其程序如下：

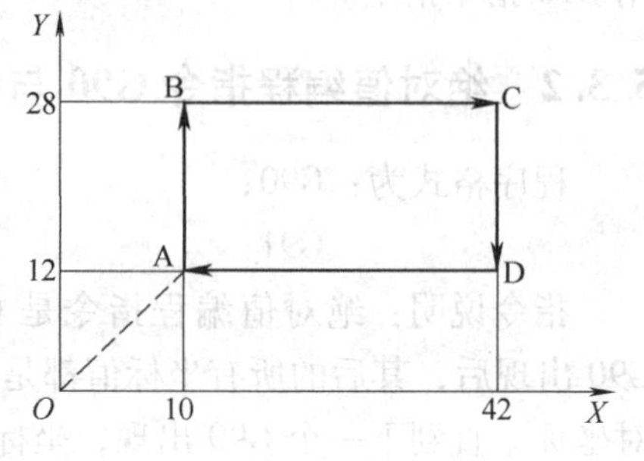

图 5-4　G01 编程图

按绝对值编程方式：

```
O1234;                          程序名
N01  G92  X0  Y0;               坐标系设定
N10  M06  T1;                   换1号刀
N20  M03  S600;                 主轴正转，转速600r/min
N30  G90  G00  X10  Y12;        快速移至A点
N40  G01  Y28  F100;            直线进给A→B，进给速度100mm/min
N50  X42;                       直线进给B→C，进给速度不变
N60  Y12;                       直线进给C→D，进给速度不变
N70  X10;                       直线进给D→A，进给速度不变
N80  G00  X0  Y0;               返回原点
N90  M05;                       主轴停止
N100 M02;                       程序结束
```

按增量值编程方式：

```
O2345;                          程序名
N01  G92  X0  Y0;               坐标系设定
N10  M06  T1;                   换1号刀
N20  M03  S600;                 主轴正转，转速600r/min
N30  G91  G00  X10  Y12;        增量值编程，快速移至A点
N40  G01  X0  Y16  F100;        直线进给A→B，进给速度100mm/min
N50  X32;                       直线进给B→C，进给速度不变
N60  Y-16;                      直线进给C→D，进给速度不变
N70  X-32;                      直线进给D→A，进给速度不变
N80  G90  G00  X0  Y0;          绝对值编程，返回原点
N90  M05;                       主轴停止
N100 M02;                       程序结束
```

直线插补指令G01，一般作为直线轮廓的切削加工运动指令，有时也用作很短距离的空行程运动指令，以防止G00指令在短距离高速运动时可能出现的惯性过冲现象。

5.3.6 圆弧插补G02、G03

指令格式：G02（G03）X__ Y__ I__ K__ F__;
　　　　　G02（G03）X__ Y__ R__ F__;

指令说明：G02顺时针旋转（CW），G03逆时针旋转（CCW）；X、Y为圆弧终点坐标值；I表示圆弧中心、*X*轴（I为从起点看的中心X坐标的半径指令增量值）；J表示圆弧中心、*Y*轴（K为从起点看的中心Y坐标的增量值）；F表示进给速度，如图5-5所示。

圆弧终点坐标值指令可以是绝对值或者增量值，但是圆弧中心点坐标值必须使用起始点的增量值。

G02指令指定时可以改变其他指令模式；当R>180°时，R值为负值，当R≤180°时，R值为正值（符号负号）。对于正圆指令（起点与终点一致）、由于R指定圆弧指令会立即完成，不会进行任何动作，所以请使用I、K指定圆弧指令，。

程序例 3：如图 5-6 所示，设刀具由坐标原点 0 相对工件快速进给到 A 点，从 A 点开始沿着 A、B、C、D、E、F、A 的线路切削，最终回到原点 0。

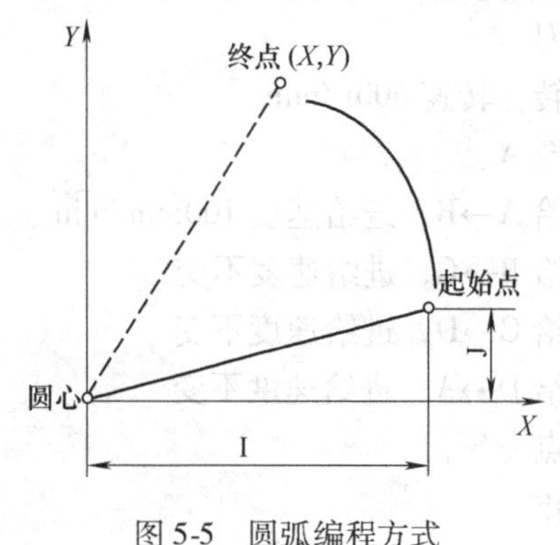

图 5-5　圆弧编程方式

图 5-6　G02、G03 编程图例

为了讨论的方便，在这里我们不考虑刀具半径对编程轨迹的影响，编程时假定刀具中心与工件轮廓轨迹重合。实际加工时，刀具中心与工件轮廓轨迹间总是相差一个刀具半径的，这就要用到刀具半径补偿功能。

用增量值编程方式编程如下：

O0001；	程序名
N10　G92　X0　Y0；	建立坐标系
N20　G90　M03　S800；	绝对值方式，主轴正转 800r/min
N30　G00　X15　Y10；	快速移动到 A
N40　G01　X43　F180；	直线插补到 B，进给速度 180mm/min，
N50　G02　X20　Y20　I20　F80；	顺时针插补 B→C，进给速度 80mm/min
N60　G01　X0　Y18　F180；	直线插补 C→D，进给速度 180mm/min
N70　X－40；	直线插补 D→E，进给速度不变
N80　G03　X－23　Y－23　J－23　F80；	逆时针插补 E→F，进给速度 80mm/min
N90　G01　Y－15　F180；	直线插补 F→A，进给速度 180mm/min
N100　G00　X－15　Y－10；	快速返回原点 O
N110　M002；	程序结束

上面的程序是用 I、J 格式编写的，如果使用半径 R 格式编程，则如图 5-5 所示的轮廓，使用 R 编程时，只需将上面程序（绝对值编程）中 N50、N80 程序段分别修改为下面的程序段就行了：

N50　G02　X78　Y30　R20　F80；

N80　G03　X15　Y25　R23　F80；

在使用半径编程时，如图 5-6 所示，按几何作图会出现两段起点和半径都相同的圆弧，其中一段圆弧的圆心角 α＞180°，另一段圆弧的圆心角 α＜180°。编程时规定用 R 表示圆心角小于 180°的圆弧，用 R－表示圆心角大于 180°的圆弧，正好 180°时，正负均可。如图 5-7 所示两段圆弧编程如下：

圆弧 1　G90　G17　G02　X50　Y40　R－30　F120；

圆弧 2　G90　G17　G02　X50　Y40　R30　F120；

在实际加工中，往往要求在工件上加工出一个整圆轮廓。整圆的起点和终点重合，用半径 R 编程无法定义，所以只能用圆心坐标编程，如图 5-8 所示，从起点开始顺时针切削，整圆程序段如下：

G90　G17　G02　X80　Y50　I－35　K0　F120；

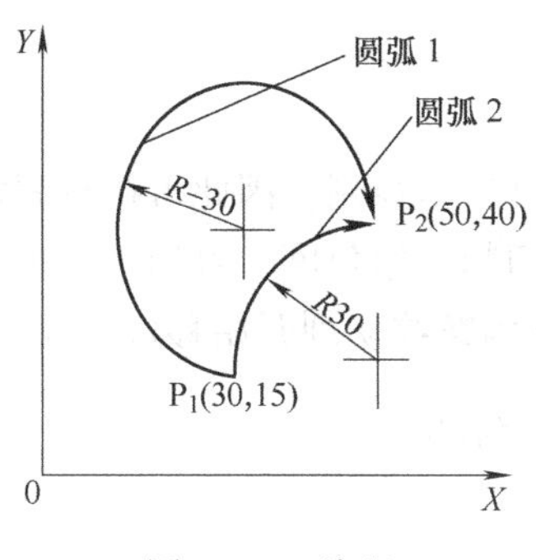

图 5-7　R 编程

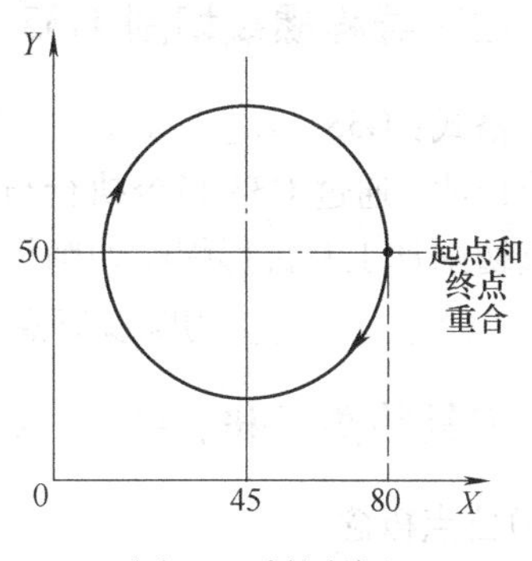

图 5-8　椭圆编程

螺旋线进给指令

程序格式：G17　G02/G03　X＿　Y＿　I＿　K＿　Z＿　P＿　F＿；

G17　G02/G03　X＿　Y＿　R＿　Z＿　F＿；

说明：X、Y 为圆弧终点坐标，Z 为直线轴终点坐标，I、K 为圆弧中心坐标，P 为螺距数，螺距数为 0 时，地址 P 可以省略，螺距数 P 的指令范围 0～99，R 为圆弧的半径。

XY 平面圆弧，*Z* 轴直线、*ZX* 平面圆弧，*Y* 轴直线、*YZ* 平面圆弧，*X* 轴直线。

如图 5-9 所示的螺旋线，其编程指令为 G17　G03　X30　Y30　Z10　R30　F50；

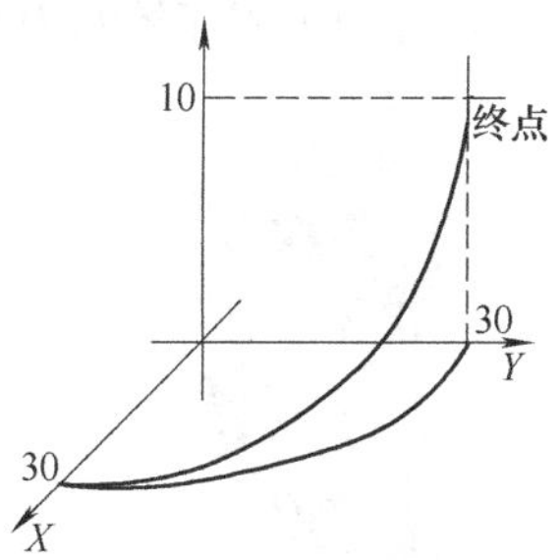

图 5-9　螺旋线插补

5.3.7　暂停指令 G04

指令格式：G04　P＿；

G04　X＿；

指令说明：指令单位 0.001s，位置 P 小数点指令无效。

程序例 4：G04　X200；　　暂停时间 0.2s

G04　X2000；　　暂停时间 2s

G04　X2；　　暂停时间 2s

G04　P2000；　　暂停时间 2s

G04　P22.123；　　暂停时间 0.022s

暂停指令 G04 主要用于如下几种情况：

横向切槽、倒角、车顶尖孔时，为了得到光滑平整的表面，使用暂停指令，使刀具在加工表面位置停留几秒钟再退刀。

对盲孔进行钻削加工时，刀具进给到孔底位置，用暂停指令使刀具作非进给光整切削，然后再退刀，保证孔底平整。

钻深孔时，为了保证良好的排屑及冷却，可以设定加工一定深度后短时间暂停，暂停结束后，继续执行下一程序段。

锪孔、车台阶轴清根时，刀具短时间内实现无进给光整加工，可以得到平整表面。

5.3.8 固定导程螺纹切削 G33

指令格式：G33 Z__ （X__ Y__） F__ Q__ ；

指令说明：通过 G33 指令执行与主轴旋转同期的刀具进给控制。因此可执行固定导程的直形螺纹切削加工及锥形螺纹切削加工。通过指定螺纹切削开始角度，可加工多条螺纹。

Z__ （X__ Y__）为螺纹终点坐标，F 为螺距，Q 为螺纹切削开始移位角度。

5.3.9 刀具补偿 G40、G41、G42、G43、G44、G49

1. 刀位点概念

刀位点是在编制加工程序时用以表示刀具位置的特征点。对于端铣刀、立铣刀和钻头来说，是指它们的底面中心，如图 5-10a、b 所示；对于球头铣刀，是指球头球心，如图 5-10c 所示；对圆弧车刀，刀位点在圆弧圆心上；对尖头车刀和镗刀，刀位点在刀尖，如图 5-10d 所示；对于数控线切割来说，刀位点则是线电极轴心与工件表面的交点。需要指出的是，球形铣刀的刀位点在铣刀轴线上，刀刃上不同的点切削时，所表现出的刀具半径不一样。

数控加工程序控制刀具的运动轨迹，实际上是控制对刀点的运动轨迹。

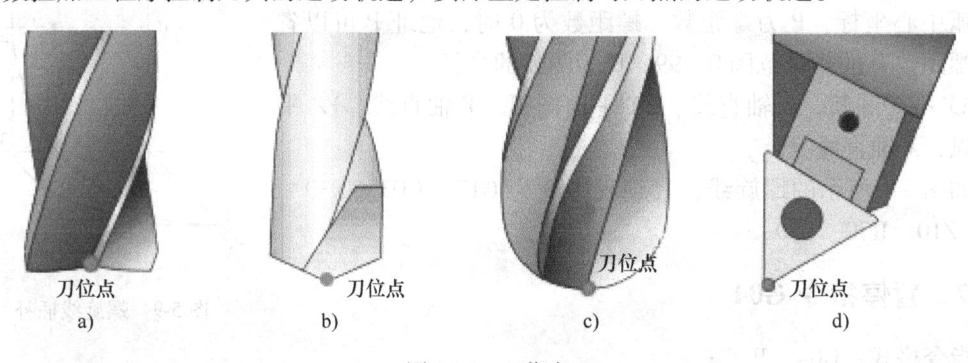

图 5-10 刀位点

a）铣刀的刀位点 b）钻头的刀位点 c）球头刀的刀位点 d）车刀的刀位点

2. 刀具补偿概念

刀具补偿包括刀具半径和刀具长度补偿。

在轮廓加工过程中，由于刀具总有一定的刀具半径（如铣刀半径）或刀尖部分有一定的圆弧半径（为方便起见，以后统称刀具半径），所以在零件轮廓加工过程中刀位点的运动轨迹并不是零件的实际轮廓，而用户通常又希望按工件轮廓轨迹编写工件加工程序，这样刀位点必须偏移零件轮廓一个刀具半径，这种偏移称为刀具半径补偿。加工外轮廓表面和内轮廓表面时刀具半径补偿。根据 ISO 标准，当刀具中心轨迹在编程轨迹前进方向左边时，称为左刀具补偿；反之称为右刀具补偿。

刀具长度补偿，是为了使刀具顶端到达编程位置而进行的刀具位置补偿。当采用不同尺寸的刀具加工同一轮廓尺寸的零件，或同一名义尺寸的刀具因换刀重调、磨损引起尺寸变化时，为了编程方便和不改变已编制好的程序，利用数控系统的刀具位置补偿功能，只需要将刀具尺寸变化值输入数控系统，数控系统就可以自动地对刀具尺寸变化进行补偿。

5.3.9.1　刀具半径补偿 G40、G41、G42

指令格式：G1　G41(G42)　X __　Y __　Z __　F __　D __；

G40；

指令说明：数控程序一般是针对刀位点，按工件轮廓尺寸编制的。当刀尖不是理想点而是一段圆弧时，会造成实际切削点与理想刀位点的位置偏差。为了保证加工尺寸的准确性，必须考虑刀尖圆角半径补偿以消除误差。

使用刀具半径补偿功能时，编程只需按工件轮廓线进行，执行刀补指令后，数控系统便能自动地计算出刀具中心轨迹，并按刀具中心轨迹运动。即刀具自动偏离工件轮廓一个补偿距离，从而加工出所要求的工件轮廓。

G41 为刀具半径补偿（左补偿），G42 为刀具半径补偿（右补偿），G40 为取消半径补偿指令，XYZ 为移动坐标，F 为进给速度，D 为半径补偿指令。

在以下的任何一个条件下，刀具半径补偿进入补偿取消模式：接通电源后；按下设定显示装置的复位按钮后；执行带复位功能的 M02、M03 后；执行补偿取消指令（G40）后。

刀具的补偿确定由加工方向确定，左补偿即沿进给前进方向观察，刀具处于工件轮廓的左边，如图 5-11 所示，右补偿即沿进给前进方向观察，刀具处于工件轮廓的右边，如图 5-12 所示。

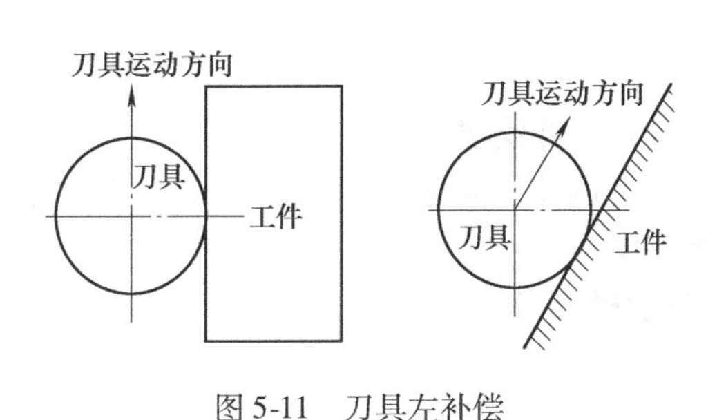

图 5-11　刀具左补偿

图 5-12　刀具右补偿

5.3.9.2　刀具长度补偿 G43、G44、G49

程序格式：G90　G43　G0　Z __　H __；

G90　G44　G0　Z __　H __；

G49　Z __；

指令说明：G43/G44 为在加工零件需要多把刀具时，而每一把刀具长度都不相同，为了使各刀具正确的接近工件，而设定的长度补偿。H 为指定刀具长度补偿值，G43 时为 Z 值加上 H 值，而 G44 时为 Z 值减去 H 值。G49 为取消刀具长度补偿。

长度补偿值有两种方式：

（1）使用对刀仪，将各刀具长度校出输入补偿代号。

（2）每一把刀具直接接触工件表面（垫一张薄纸，防止伤及工件表面），求得补偿值，输入补偿代号，如图 5-13 所示。

程序例 5：图 5-14 所示图形，坐标系原点 O 是直径为 30 的圆心。刀具为直径为 8 的铣刀，刀具长度补正为 H1。其程序如下：

```
O1234;                                  程序名称
G90  G00  X100  Y100  Z80;              确定初始位置
G00  G43  Z-20  H01  S800  M03;         主轴正转，刀具长度补偿
G42  G01  X75  Y60  D01  F100;          刀具半径补偿
Y32;                                    沿轮廓加工
X35;
G02  X15.0  R10;
G01  Y42;
G03  X-15.0  R15.0;
G01  Y32;
G02  X-35.0  R10.0;
G01  X-75.0;
G01  Y-28;
X45;
X75  Y-8;
Y50;
G90  G00  G40  X100  Y100;              刀具半径补偿取消
G00  Z50;
G00  X0  Y0;
G01  G43  Z-20  H01;                    刀具长度补偿建立
G01  G41  X15  Y0  F200;                刀具半径补偿建立
G03  X15  Y0  I-15  J0;                 加工整圆
G00  G40  X0  Y0;                       半径补偿取消
G00  Z100;
M02;                                    程序结束
```

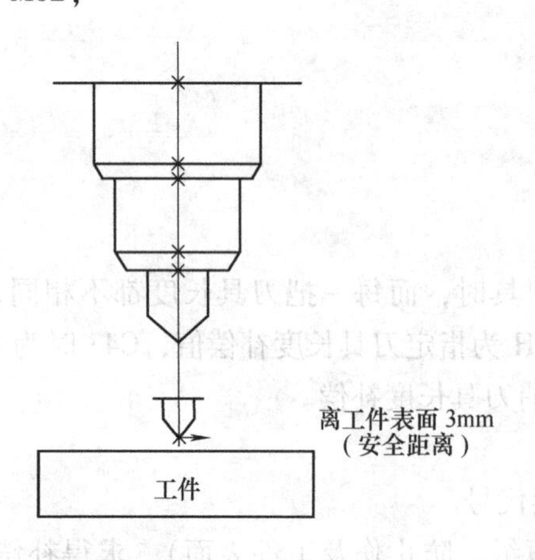

图 5-13　刀具长度补偿

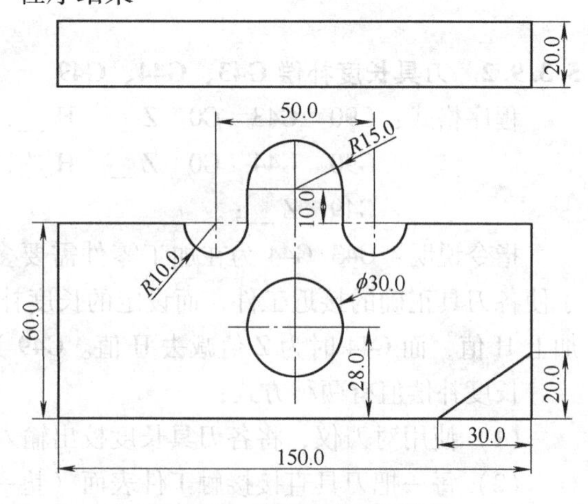

图 5-14　刀具补偿应用举例

5.3.10　工件坐标系设定 G54 ~ G59

指令格式：G54(G54 ~ G59)G90　G00(G01) X__　Y__　Z__(F__)；

指令说明：指令执行后，所有坐标值指定的坐标尺寸都是选定的工件加工坐标系中的位置。X、Y、Z 为坐标系的坐标值。使用该指令之前，必须先回参考点。G54 ~ G59 为模态指令，可相互注销。

5.3.11　恒速控制 G96、G97

指令格式：G96　S__　P__；

G97；

指令说明：G96 为恒速打开，G97 为恒速取消。S 为速度（m/min），P 为指定轴。对径方向的切削，随着坐标值的变化自动控制主轴转速，在切削点以恒速执行切削加工。

恒速控制中（G96 模态中），恒速控制对象轴在主轴中心附近，则主轴转速变大，会出现超出工件、卡盘允许转速的情况。此时，加工中的工件会出现飞车，有可能导致刀具、机床损坏、使用者受伤的情况。

程序例 6：G90　G96　G01　X50.　Z100.　S200；　控制主轴转速，使速度为 200m/min。

G97　G01　X50.　Z100.　F300　S500；将主轴转速控制在 500r/min。

5.3.12　主轴钳制速度设定 G92

指令格式：G92　S__　Q__　；

指令说明：可通过 G92 后续的地址 S 指定主轴的最高钳制转速，通过地址 Q 指定主轴的最低钳制转速，单位为 r/min。根据加工对象（安装在工件、主轴的卡盘、刀具等）的规格，需要限制转速时发出本指令。

5.3.13　固定循环

固定循环指令集合了数个单节动作使之成为单一的指令，通常由下述 6 个动作构成。如图 5-15 所示。

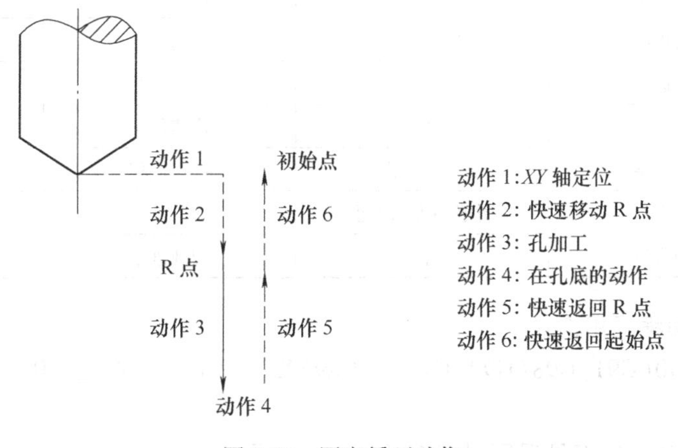

图 5-15　固定循环动作

固定循环指令一旦被执行，一直保持有效，直到被 G80 指令取消。

固定循环的程序格式包括数据表达形式、返回点平面、孔加工方式、孔位置数据、孔加工数据和循环次数。其中数据表达形式可以用绝对坐标 G90 和增量坐标 G91 表示，如图 5-16 所示。

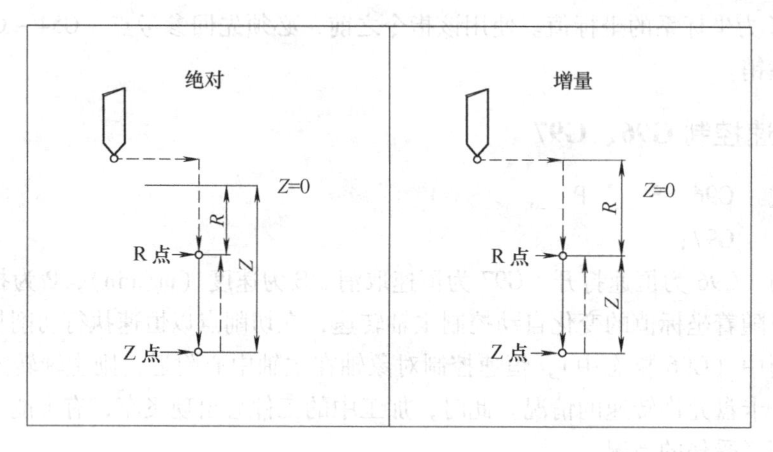

图 5-16　固定循环动作

在 MITSUBISHI 和 FANUC 的系统准备指令中，从 G70 ~ G89 段的 G 指令通常被设为固定循环，其中也有部分未被设定的。见表 5-2。

表 5-2　固定循环一览表

G 指令	切削运动方式	孔底动作	移回动作	用途
G73	间歇进给	---	快速位移	啄式钻孔循环
G74	切削进给	暂停→主轴正转	切削进给	左旋螺纹攻牙循环
G76	切削进给	主轴定位停止	快速位移	精镗孔循环
G80	---	---	---	固定循环取消
G81	切削进给	---	快速位移	钻孔循环
G82	切削进给	暂停	快速位移	钻孔循环
G83	间歇进给	---	快速位移	深孔啄钻循环
G84	切削进给	暂停→主轴反转	切削进给	右旋螺纹攻牙循环
G85	切削进给	---	切削进给	铰孔循环
G86	切削进给	主轴停止	快速位移	镗孔循环
G87	切削进给	主轴停止	快速位移	反镗孔循环
G88	切削进给	暂停→主轴停止	手动	手动退刀镗孔循环
G89	切削进给	暂停	切削进给	镗孔循环

1. 固定循环编程通用格式

指令格式：G90(G91)G98(G99)G73(~G89)X__ Y__ Z__ R__ Q__ P__ F__ L__ S__;

指令说明：G98：使刀具退回时直接返回到初始平面

G99：是刀具退回时返回到R点平面

G73～G89：孔加工方式

XY：孔位置

Z：孔底数据

R：复归点位置

Q：每次切削进给的切削深度或镗孔时孔底的偏移量，用增量值指定，Q必须是正值

F：进给速度

L：重复次数

S：主轴转速

2. G81钻孔循环

指令格式：G81 X__ Y__ Z__ R__ F__ L__；

如图5-17所示。

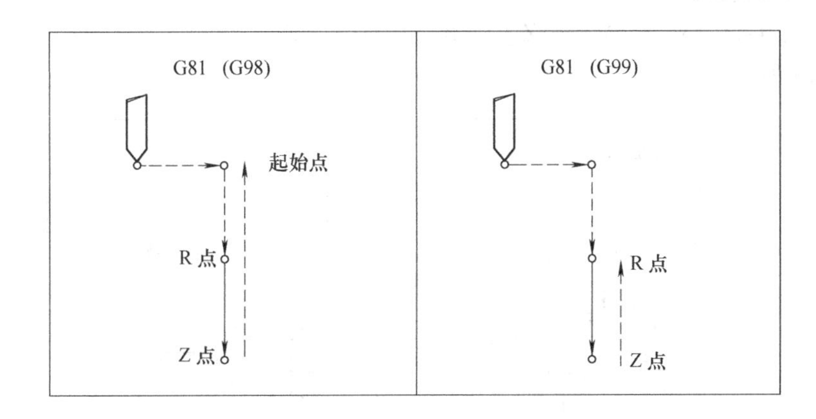

图5-17 钻孔循环（G81）的动作步序

例：N10 G92 X0 Y0 Z80；	设定工件坐标系
N15 M03 S800；	主轴正转
N20 G99 G81 G90 X10 Y90	
R40 Z－20 F200；	钻X10 Y90的孔，返回R点
N30 X40；	钻X40 Y90的孔，返回R点
N40 X100；	钻X100 Y90的孔，返回R点
N50 Y－240；	钻X100 Y－240的孔，返回点
N60 G80；	循环结束
N70 G28 G91 X0 Y0 Z0；	返回参考点
N80 M02；	程序结束

3. G82钻孔循环

指令格式：G82 X__ Y__ Z__ R__ P__ F__ L__；

G82与G81的运动方式大致相同，差异在于G82在钻孔至孔底位置后执行暂停（用P指定），其目的是为了改善钻盲孔时孔底精度，如图5-18所示。

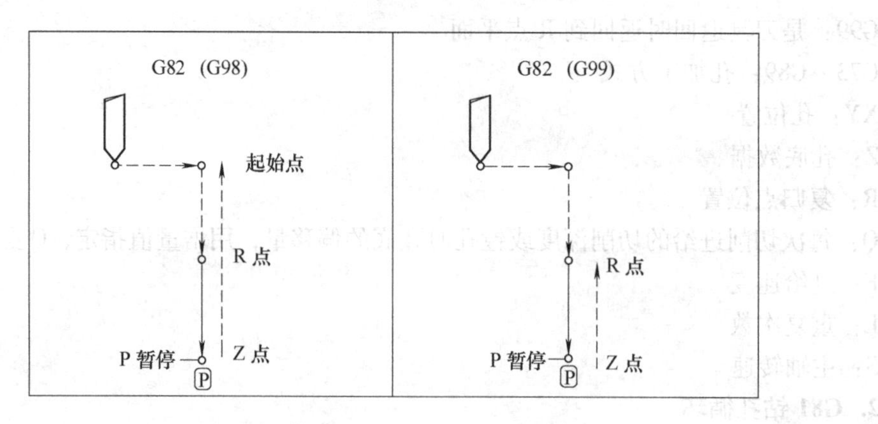

图 5-18 钻孔循环（G82）的动作步序

4. G83 深孔钻孔循环

指令格式：G83 X__ Y__ Z__ R__ Q__ F__ L__;

如图 5-19 所示。

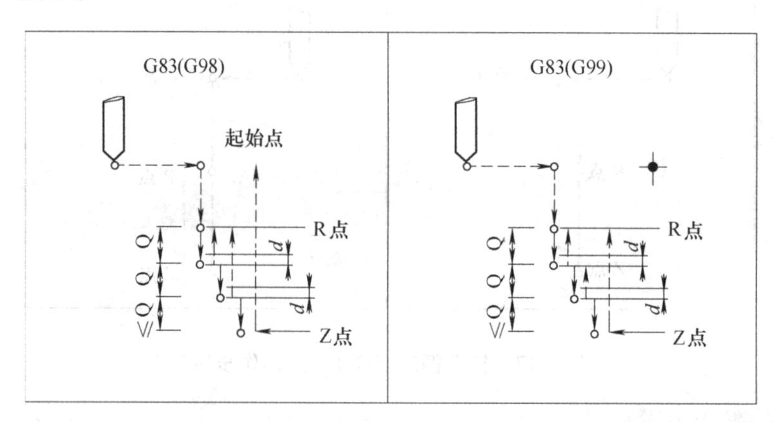

图 5-19 深孔钻孔循环（G83）的动作步序

注：d 是由参数确定的； Z 轴的间歇进给，解决钻头在钻深孔时不易排屑问题。

例：

N10 G92 X0 Y0 Z80;	设定工件坐标系
N15 M03 S800;	主轴正转
N20 G98 G83 G90 X10 Y90 R40 Q10 Z-20 F200;	钻 X10 Y90 的孔返回至起始点
N30 X40;	钻 X40 Y90 的孔，返回至起始点
N40 X100;	钻 X100 Y90 的孔，返回至起始点
N50 Y-240;	钻 X100 Y-240 的孔，返回至起始点
N60 G80;	循环结束
N80 M02;	程序结束

5. G73 啄钻循环

指令格式：G73 X__ Y__ Z__ R__ Q__ F__ L__；如图 5-20 所示。

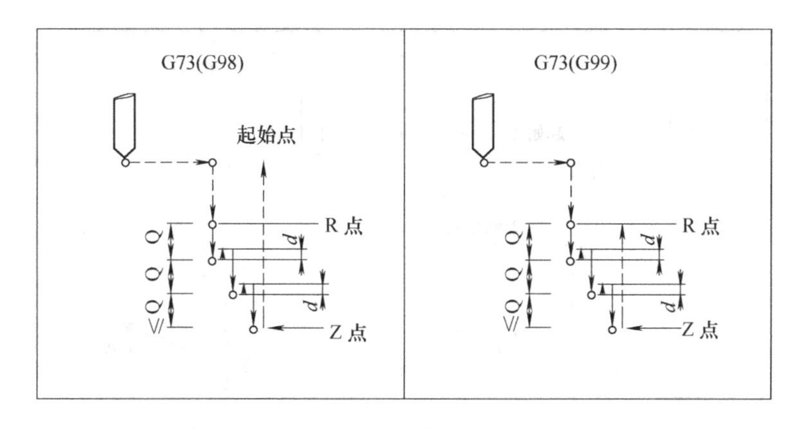

图5-20 啄式钻孔循环（G73）的动作步序

注：该固定循环与G83相似，但G83每次切入Q量后，均提刀至R点。但G73仅移回d量。用于Z轴的间歇进给，使深孔加工时容易排屑，减少退刀量，提高加工效率。

6. G84右旋攻牙循环

指令格式：G84 X__ Y__ Z__ R__ P__ F__ L__;

注：在G84指定的攻牙循环中，进给倍率调整无效，即使使用进给暂停，循环在回归动作结束前也不停止，如图5-21所示。

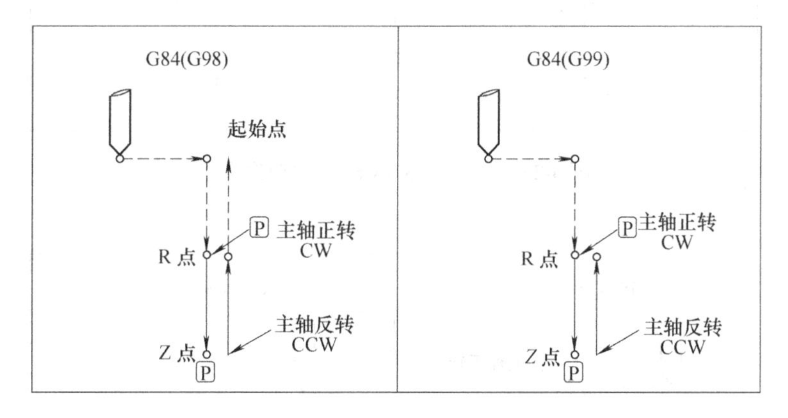

图5-21 右旋攻牙循环（G84）的动作步序

7. G74左旋攻牙循环

指令格式：G74 X__ Y__ Z__ R__ P__ F__ L__;

如图5-22所示。

8. G85铰孔循环

指令格式：G85 X__ Y__ Z__ R__ F__ L__;

如图5-23所示。

9. G86镗孔循环

指令格式：G86 X__ Y__ Z__ R__ F__ L__;

如图5-24所示。

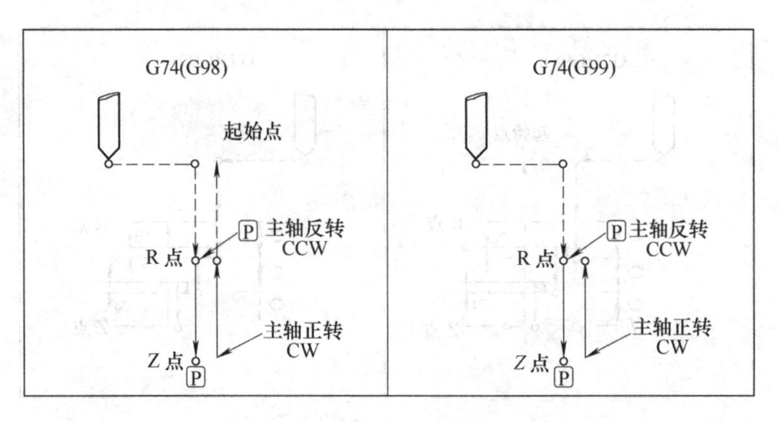

图 5-22　左旋攻牙循环（G74）的动作步序

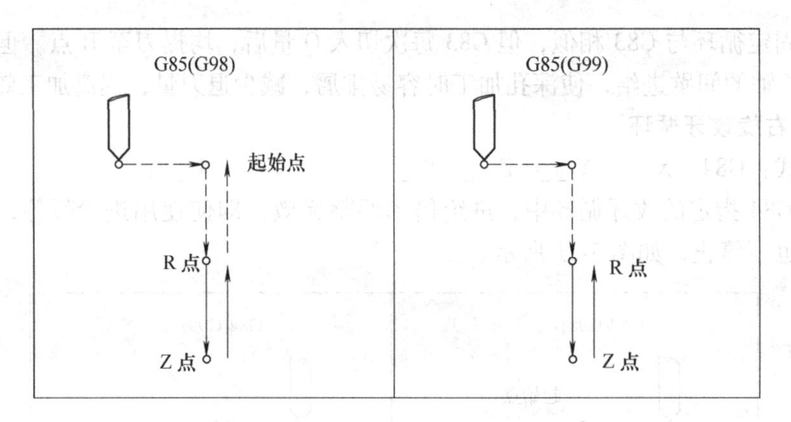

图 5-23　铰孔循环（G85）的动作步序

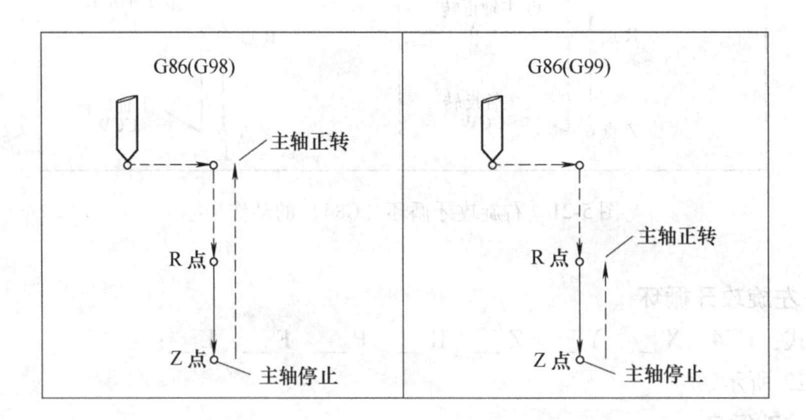

图 5-24　镗孔循环（G86）的动作步序

注：从 R 点到孔底执行镗孔，当到达孔底主轴停止，并快速退回，G86 指令与 G81 相同，但在孔底时主轴停止，然后快速退回。

10. G76 精镗空孔循环

指令格式：G76　X__　Y__　Z__　R__　I__　J__　F__　L__;

如图 5-25 所示。

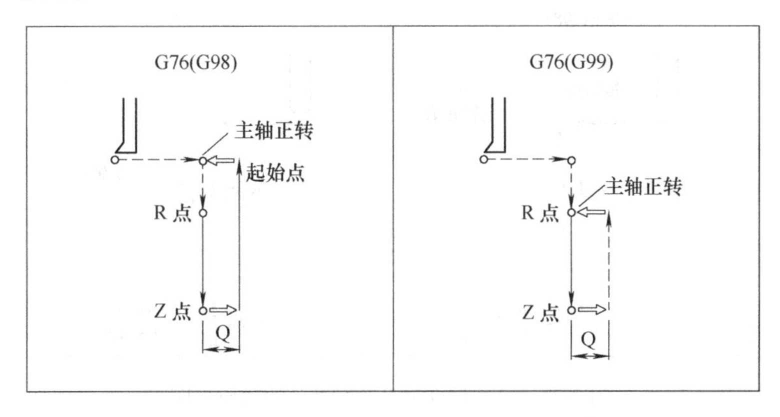

图 5-25　精镗孔循环（G76）的动作步序

精镗时，主轴在孔底定向停止后，向刀尖反方向移动，然后快速退刀，退刀位置由 G98 和 G99 决定。这种带有让刀的退刀不会划伤已加工平面，保证了镗孔精度。刀尖反向位移量用地址 Q 指定，其值只能为正值，如图 5-26 所示。

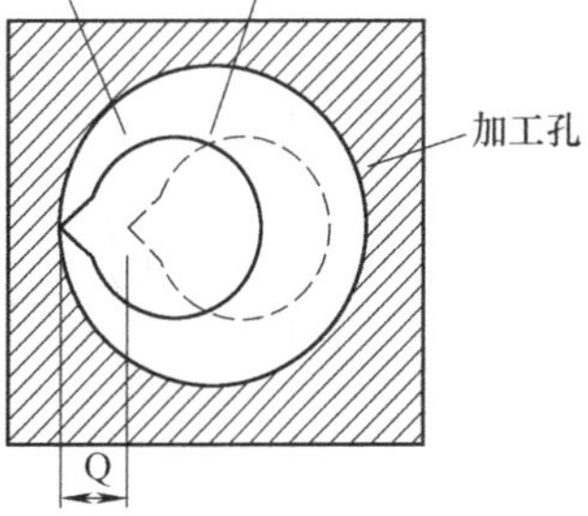

图 5-26　精镗孔循环（G81）的孔底示意图

11. G87 背镗孔循环

指令格式：G87　X__　Y__　Z__　R__　I__　J__　F__　L__;

如图 5-27 所示。

12. G88 盲孔镗孔循环

指令格式：G88　X__　Y__　Z__　R__　P__　F__　L__;

如图 5-28 所示。

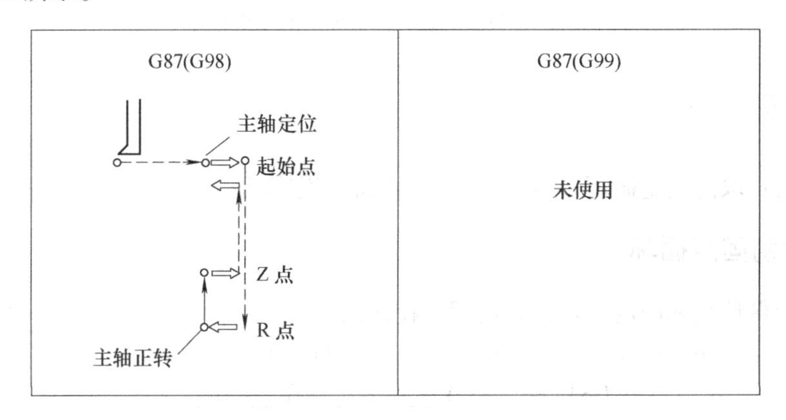

图 5-27　背镗孔循环（G87）的动作步序

注：～～→ 手动进给。G88 在执行完切削任务后，主轴停转，以手动方式退回到 R 点，此时主轴再次正传。

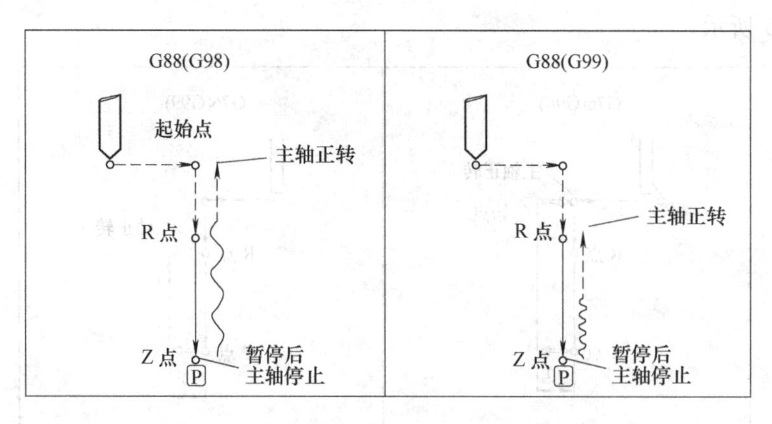

图 5-28　盲孔镗孔循环（G88）的动作步序

13. G89 镗孔，铰盲孔循环

指令格式：G89　X__　Y__　Z__　R__　P__　F__　L__;

如图 5-29 所示。

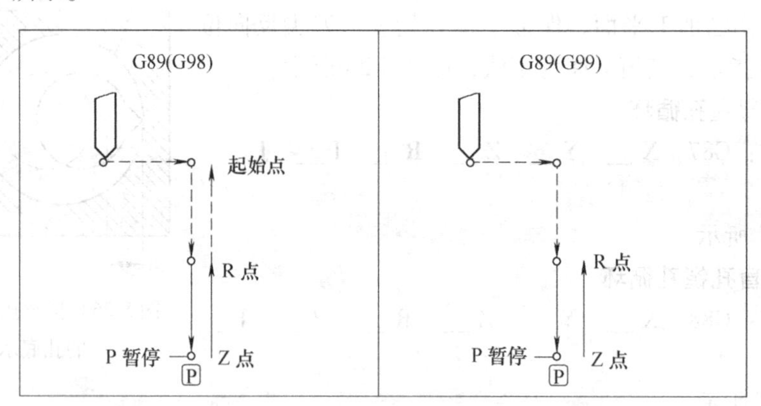

图 5-29　铰盲孔循环（G89）的动作步序

14. G80 循环结束

程序格式：G80

程序说明：取消固定循环 G80。该指令能取消固定循环，同时 R 点和 Z 点也被取消。

5. 3. 14　特别固定循环

特别固定循环须和固定循环组合使用。在使用特别固定循环之前，先将固定循环指令和孔加工数据进行存储，再通过调用实现对孔类零件的加工。

程序例 7：G90　G99　G81　X__　Y__　Z__　R__　F__;

G34　X__　Y__　I__　J__　K__;

G80;

在没有固定循环模式时，指定特别固定循环只执行定位动作，而不执行钻孔动作。

1. G34 圆周孔循环

指令格式：G34　X__　Y__　I__　J__　K__;

指令说明：X Y：圆周孔的中心位置

I：圆周孔的半径，正数表示

J：最初钻孔的角度，反时针方向为正

K：钻孔的个数（1～9999），不可设为0，正时为反时针方向定位，负时为顺时针方向定，孔穴位间移动都是以G00执行。

程序例8：如图5-30所示。

N01 G91；

N02 G99 G81 X0 Y0 Z－10 R5 F150 L0；

N03 G90 G34 X50 Y50 I50 J30 K7；

N04 G80；

N05 G90 G00 X0 Y0；

2. G35 直线角度孔循环

指令格式： G35 X__ Y__ I__ J__ K__；

指令说明：X Y：初始孔位置

I：相邻两孔之间隔，负值表示时，以起始孔为中心在对称方向作钻孔

J：角度，逆时针方向为正

K：钻孔的个数

如图5-31所示，在指定的中心坐标，半径及起始角度上，以*X*轴为基准作n等分，并做n个钻孔动作。

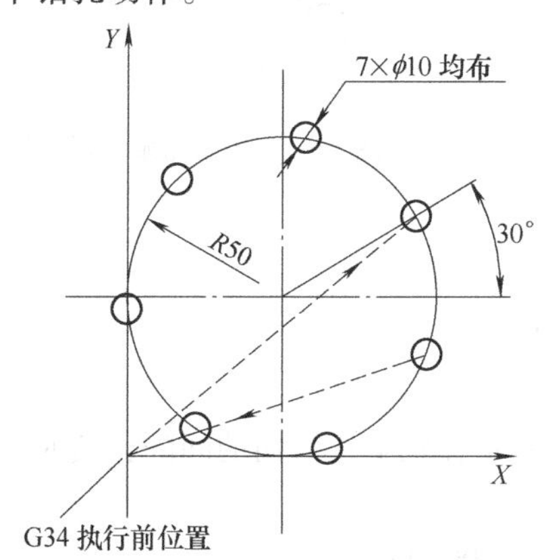

图5-30 圆周孔循环程序例

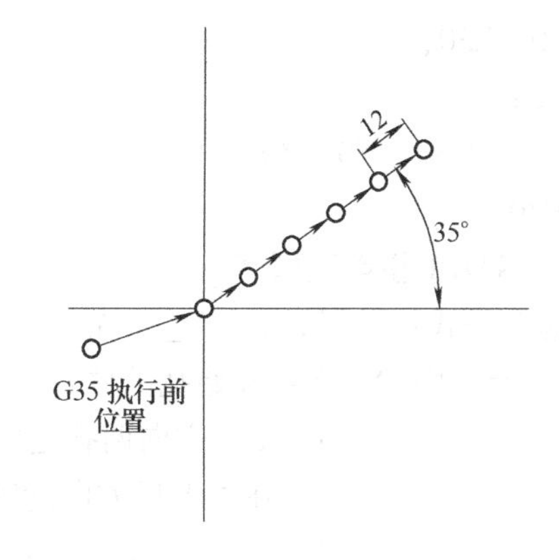

图5-31 直线角度孔循环程序例

程序例9：

N01 G91；

N02 G99 G81 X0 Y0 Z－10 R5 F150 L0；

N03 G90 G34 X50 Y50 I50 J30 K5；

N04 G80；

N05 G90 G00 X0 Y0；

注：在指令中K0或没有指定K时，会出现程序报警。

在G35同一单节中如果出现G00～G03等00组G指令，则以后面的指令优先。

例：G35　G28　X__　Y__　I__　J__　K__；

　　G35 被忽略 G28　X__　Y__被执行。

在 G35 同一单节中如果出现 G72 ~ G89 指令，固定循环被视为指令无效，执行 G35 指令。

3. G36 圆弧孔循环

指令格式：G36　X__　Y__　I__　J__　P__　K__；

指令说明：X　Y：圆弧的中心位置

I：圆弧孔的半径，正数表示

J：最初钻孔的角度，逆时针方向为正

P：间隔角度，逆时针方向为正，顺时针方向为负时

K：钻孔的个数（1—9999）

如图 5-32 所示。

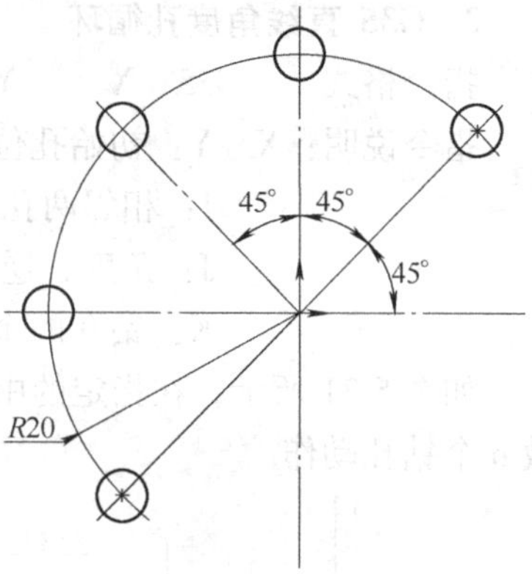

图 5-32　圆弧孔循环程序例

程序例 10：

```
O1234；
G40　G49　G80；
G90　G0　G54　X0　Y0；
G43　Z5　H1　S1000　M03；
G98　G81　R3　Z－20　F100　L0；
G36　I20　J30　P45　K5；
G0　Z50；
M5；
G91　G30　Y0　Z0；
M30；
```

4. G37.1 棋盘孔循环

指令格式：　G37.1　X__　Y__　I__　P__　J__　K__；

指令说明：X　Y：起始孔的位置

I：*X* 轴方向两孔之间隔，正时为起点在轴上正方向的间隔，负时为起点在轴上反方向的间隔

P：*X* 轴方向的个数，指定范围（1 ~ 9999）

J：*Y* 轴方向两孔之间隔，正时为起点在轴上正方向的间隔，负时为起点在轴上反方向的间隔

K：*Y* 轴方向的个数，指定范围（1 ~ 9999）

如图 5-33 所示。

程序例 11：

```
O2345；（钻棋盘式孔）
G40　G49　G80；（消除刀具补偿、刀长补偿、固定循环）
G54　G00　G90　X0　Y0；（快速移动至 G54 机械坐标系）
G43　Z10　H2　S1000　M3；（刀具补偿号 H2，主轴转速 1000RPM）
M08；（切削液打开）
```

```
G99  G81  X25  Y25  R3  Z-20  F120;  (固定循环钻孔指令 Z 轴深 29mm，R 点 3mm，进给率 120)
G91  X25  L4;                         (增量值位移 X 轴 25mm 共 4 次)
Y25;                                  (增量值位移 Y 轴 25mm)
X-25  L4;                             (增量值位移 X 轴负方向 25mm 共 4 次)
Y24;                                  (增量值位移 Y 轴 25mm)
X25  L4;                              (增量值位移 X 轴 25mm 共 4 次)
Y25;                                  (增量值位移 Y 轴 25mm)
X-25  L4;                             (增量值位移 X 轴负方向 25mm 共 4 次)
Y25;                                  (增量值位移 Y 轴 25mm)
X25  L4;                              (增量值位移 X 轴 25mm 共 4 次)
G0  Z30  M9;                          (快速移至工件点上方 30mm、切削液关闭)
G80;                                  (取消固定循环)
G91  G30  Z0  M05;                    (原点复位、主轴停止)
M30;                                  (程序结束)
```

使用棋盘式钻孔循环编程

```
O2345;
G40  G49  G80;
G54  G00  G90  X0  Y0;
G43  Z10  H01  S1000  M3;
M08;
G99  G81  R3  Z-20  F140  L0;
G37.1  X25  Y25  I25  P5  J25  K5;
G98  G80  Z30  M9;
G91  G30  Z0  M5;
M30;
```

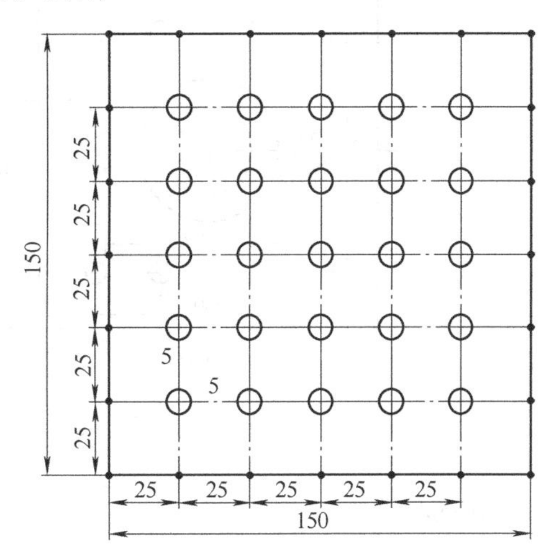

图 5-33　棋盘孔循环程序例

5. 固定循环指令使用注意事项

(1) 固定循环指令前应使用 M03 或 M04 指令使主轴回转。

(2) 各固定循环指令中的参数均为非模态值，因此每句指令的各项参数应写全。在固定循环程序段中，X、Y、Z、R 4 个参数至少需要指定一个参数的数值，孔加工才能进行。

(3) 控制主轴回转的固定循环（G74、G84、G86）中，如果连续加工一些孔间距较小，或者初始平面到 R 点平面的距离比较短的孔时，会出现在进入孔的切削动作前主轴还没有达到正常转速的情况，遇到这种情况时，应在各孔的加工动作之间插入 G04 指令，以获得时间。

(4) 固定循环除了用 G80 指令取消外，亦可用 G00 ~ G03 指令之一注销固定循环。

(5) 若 G00 ~ G03 指令之一和固定循环出现在同一程序段，且程序格式为：G00（G02，G03） G__X__Y__Z__R__Q__P__I__J__F__L__时，按 G00（或 G02，G03）进行 X、Y 移动。

(6) 在固定循环程序段中，如果指定了辅助功能 M，则在最初定位时送出 M 信号，等待 M 信号完成，才能进行加工循环。

(7) 重复次数 L 不指定时被视为 L1。当被指定 L0 时，只有孔加工数据被存储，但不执行孔加工。例：G98　G82　X__Y__Z__R__P__F__L0；存储孔加工数据但不执行加工。

(8) 当重复次数 L 为 2 或 2 以上时，每次皆以增量定位。

例：G91　G83　X15　Z－20　R10　Q5　L8　F100；

6. 固定循环编程综合举例

加工如图 5-34 所示各孔，各孔在本工序前已钻中心孔—钻孔或镗孔分别至 ϕ12、ϕ25、ϕ74、设 ϕ16 孔用刀具 T1 加工，ϕ26 用刀具 T2 加工，ϕ75 用刀具 T3 加工，其偏置值分别设置在设置号 H1、H2、H3 中，其加工中心的参考程序如下：

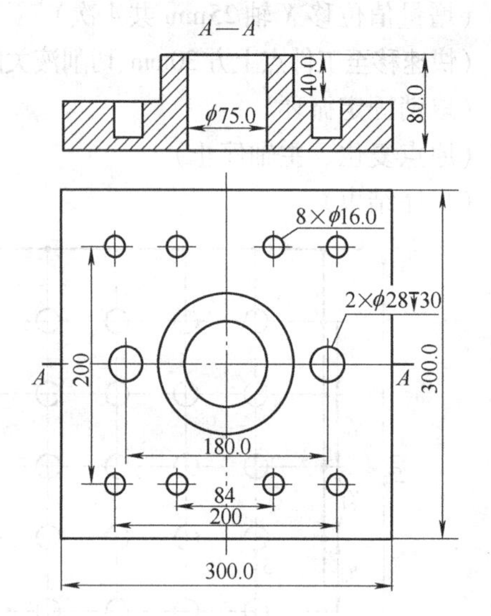

刀具表			
序号	刀具类型	刀具号	刀具偏置
1	钻头	T1	H1
2	铣刀	T2	H2
3	镗刀	T3	H3

图 5-34　固定循环编程综合举例

```
O1234;
G54  G90;
G28  Z100  T8  M06;                        换 T8 刀
G43  G00  Z50  H01;                        初始位置、刀具长度偏置
M03  S600;                                 起动主轴
G99  G81  X100  Y100  Z-85  R-35  F120;   快速定位，钻孔
X42;                                       快速定位，钻孔，回 R 点
X-42;                                      快速定位，钻孔，回 R 点
X-100;                                     快速定位，钻孔，回 R 点
Y-100;                                     快速定位，钻孔，回 R 点
X-42;                                      快速定位，钻孔，回 R 点
X42;                                       快速定位，钻孔，回 R 点
X100;                                      快速定位，钻孔，回 R 点
G49  Z100;                                 取消刀具长度偏置
```

G28　X0　Y0　M05;　　回参考点、主轴停
T2　M06;　　换 T2 刀
G43　G00　Z50　H02;　　初始位置刀具长度偏置
M03　S500;　　启动主轴
G98　G82　X90　Y0　Z-70　R-35　P1000　F80;　快速定位，铣插孔返回初始平面
X-90;　　快速定位，铣插孔返回初始平面
G49　Z100;　　取消刀具长度偏置
G28　X0　Y0　M05;　　回参考点、主轴停
T3　M06;　　换 T3 刀
G43　G00　Z50　H3;　　初始位置刀具长度偏置
M03　S200;　　起动主轴
G98　G85　X0　Y0　Z-85　R5　F60;　　快速定位，镗孔返回初始平面
G49　Z100;　　取消刀具长度偏置
G28　X0　Y0　M05;　　回参考点、主轴停
M02;　　程序停止

5.3.15　子程序调用 M98、M99

程序格式：M98 P __　H __　L __，D __;
M98　<文件名>　H __　L __　D __;
M99 P __;

指令说明：P：要调用的子程序名（省略时即为自身程序）
<文件名>：文件类型的程序名称
H：呼叫子程序内的顺序编号（省略则为开头程序段）
L：子程序调用次数
D：子程序的装置编号（0 ~ 4）（省略则为存储器内的子程序）
M99 P __：返回呼叫程序的段号（省略，则向呼叫程序段的下一程序段返回）

5.3.16　镜像功能指令 G51.1、G50.1

程序格式：G51.1　X __　Y __　Z __;
G50.1　X __　Y __　Z __;

指令说明：G51.1：镜像打开
G50.1：镜像关闭
X、Y、Z 值：镜像中心坐标

综合举例：如图 5-35 所示，利用调用子程序和镜像功能指令编程。

O10 主程序
N01　G54;
M03　S500;
G00　Z10.;

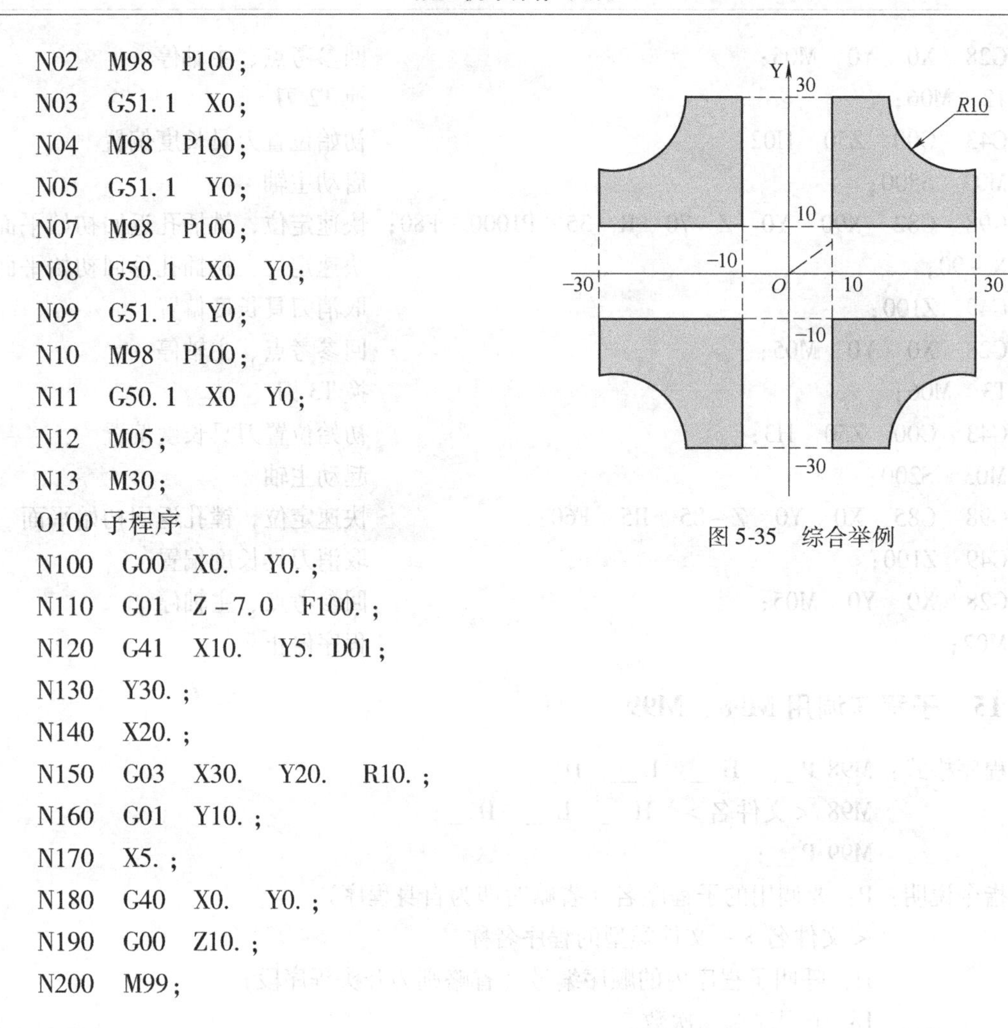

N02　M98　P100；

N03　G51.1　X0；

N04　M98　P100；

N05　G51.1　Y0；

N07　M98　P100；

N08　G50.1　X0　Y0；

N09　G51.1　Y0；

N10　M98　P100；

N11　G50.1　X0　Y0；

N12　M05；

N13　M30；

O100 子程序

N100　G00　X0.　Y0.；

N110　G01　Z－7.0　F100.；

N120　G41　X10.　Y5.　D01；

N130　Y30.；

N140　X20.；

N150　G03　X30.　Y20.　R10.；

N160　G01　Y10.；

N170　X5.；

N180　G40　X0.　Y0.；

N190　G00　Z10.；

N200　M99；

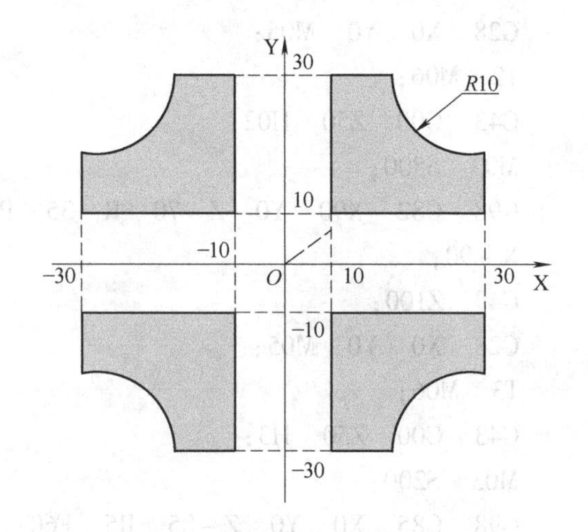

图 5-35　综合举例

5.4　加工编程实例

1. 例 1

加工如图 5-36 所示零件，毛坯料为 60 × 60 × 17 硬铝，零件坐标系的零点为零件的正中心，Z 轴方向零点为上表面。刀具为 $\phi 8$ 端铣刀，刀具编号 T01，长度补偿 H01 补偿值为 0，H02 为 4mm。

加工程序：O1234；

G92　X0　Y0　Z300；

G90　G00　G43　Z3　H01　S1400　M03；

X－40　Y－30　M08；

G01　Z－11　F80；

G41　X－27.5　H02；

Y22.5；

G02　X－22.5　Y27.5　R5；

G01　X22.5；

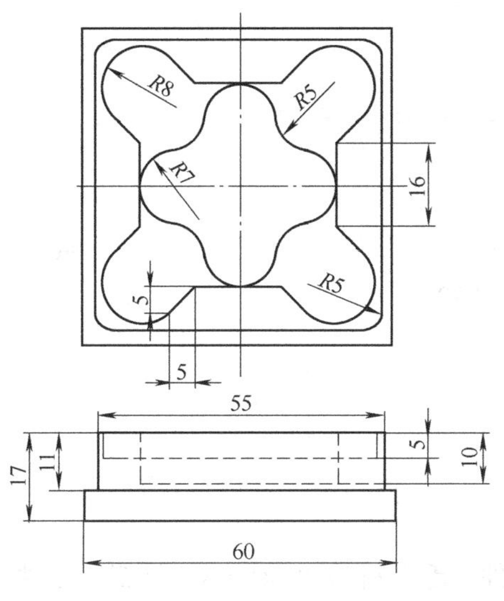

图5-36 综合编程例1

```
G02  X27.5  Y22.5  R5;
G01  X-22.5;
G01  X22.5  Y-27.5  R5;
G00  Z3;
G40  X18  Y18;
M98  P0003;
X0;
M98  P0003;
X-18;
M98  P0003;
Y0;
M98  P0003;
X0;
M98  P0003;
X18;
M98  P0003;
Y-18;
M98  P0003;
X0;
M98  P0003;
G49  G90  G00  Z300  M09;
G00  X0  Y0  M05;
M30;
```

```
O0003;
G90  G01  Z-4  F40;
G91  G41  X7.0  H02  F80;
G03  I-7;
G40  G01  X-7;
G90  G01  Z-8  F40;
G91  G41  X5  H02  F80;
G03  I-5;
G40  G01  X-5;
G90  G00  Z3;
M99;
```

2. 例2

加工如图5-37所示零件，毛坯料为45×95×7硬铝，零件坐标系的零点为零件的ϕ20的孔的圆心，Z轴方向零点为上表面。刀具分别为编号T01，ϕ8端铣刀，长度补偿H01；编号T02，ϕ5键槽铣刀，长度补偿H02；编号T03，中心钻，长度补偿H03；编号T04，ϕ4钻头，长度补偿H04。

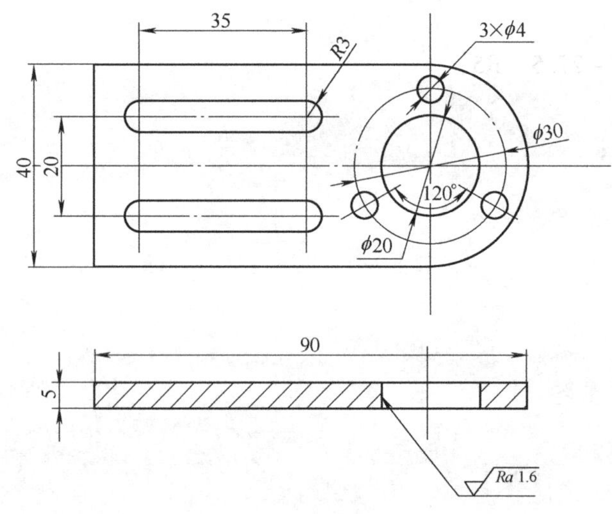

图5-37　综合编程例2

加工程序：O10;

```
G40  G80  G49;
M00;
G91  G30  Y0.  Z0.;
M06  T03;
G90  G00  G54  X0  Y0.;
S3000  M03;
G90  G00  G43  Z70.  H03;
M08;
G0  Z50.;
```

```
G0   X0.   Y0. ;
G98   G81   X0.   Y0.   Z-1.   R1.   F300;
X0.   Y15. ;
X-12.99   Y-7.5;
X12.99   Y-7.5;
M05;
M09;
G80;
M00;
G91   G30   Y0.   Z0. ;
M06   T04;
G90   G00   G54   X0. ;
S1000   M03;
G90   G00   G43   Z70.   H04;
M08;
G0   Z50. ;
G0   X0.   Y15. ;
G98   G83   X0.   Y15   Z-10.   R1.  Q2.   F50;
X-12.99   Y-7.5;
X12.99   Y-7.5;
M05;
M09;
G80;
M00;
G91   G30   Y0.   Z0. ;
M06   T1;
G90   G00   G54   X0. ;
S2500   M03;
G90   G00   G43   Z70.   H1;
M08;
G0   Z50. ;
G0   X40   Y-24. ;
G0   Z3. ;
G1   Z-6.   F750;
G1   G41   D1   X0.   Y-20.   F300;
G1   X-70. ;
G1   Y20. ;
G1   X0. ;
G2   X20.   Y0.   R20. ;
```

```
G2  X0.  Y-20.  R20.;
G0  Z50.;
G0  X0.  Y0.;
G0  Z3.;
G1  Z-6.  F750;
G1  G41  D1  X-10.  F300;
G3  X5  Y-5  R10.;
G3  Y8.661  R10.;
G3  X-10.  Y0.  R10.;
G1  G40  X0.;
G0  Z50.;
M05;
M09;
G80;
M00;
G91  G30  Z0.;
M06  T2;
G90  G00  G54;
S3200  M03;
G90  G00  G43  Z70.  H2;
M08;
G0  Z50.;
G0  X-25.  Y10.;
G0  Z3.;
G1  Z-6.  F50;
G1  G41  D2  Y7.  F200;
G3  X-22.  Y10.  R3.;
G3  X-25.  Y13.  R3.;
G1  X-60.;
G3  X-63.  Y10.  R3.;
G3  X-60.  Y7.  R3.;
G1  X-25.;
G1  G40  Y10.;
G0  Z50.;
G0  X-60.  Y-10.;
G0  Z3.;
G1  Z-6.  F50;
G1  G2  D49  Y-7.  F200;
G3  X-63.  Y-10.  R3.;
```

```
G3  X-60.  Y-13.  R3.;
G1  X-25.;
G3  X-22.  Y-10.  R3.;
G3  X-25.  Y-7.  R3.;
G1  X-60.;
G1  G40  Y-10.;
G0  Z50.;
G0  Z100.;
G0  X0.  Y0;
G91  G28  Z0.  Y0.;
M30;
```

3. 例 3

加工如图 5-38 所示零件，毛坯料为 185 × 105 × 12 硬铝，零件坐标系的零点为零件的中心，Z 轴方向零点为上表面。刀具分别为编号 T01，中心钻，长度补偿 H01；编号 T02，ϕ3.2 钻头，长度补偿 H02；编号 T03，M4 丝锥，长度补偿 H03；编号 T04，ϕ8 钻头，长度补偿 H04；编号 T05，ϕ8 铣刀，长度补偿 H05。

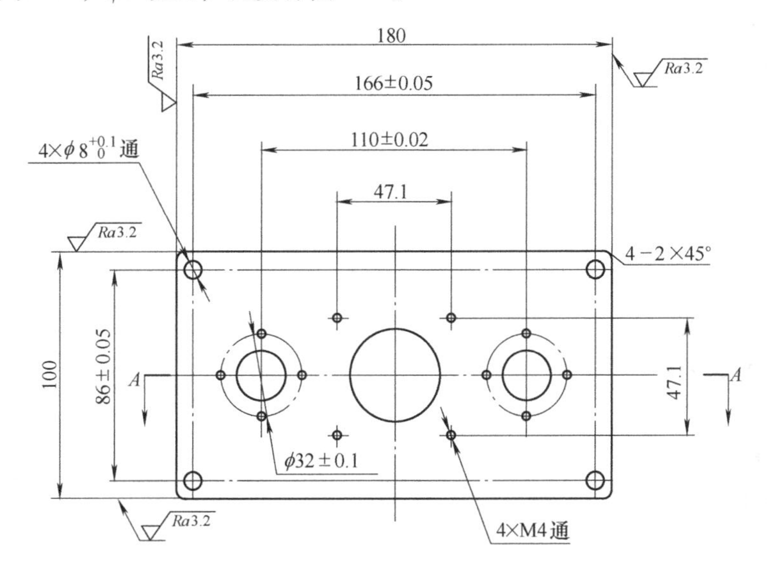

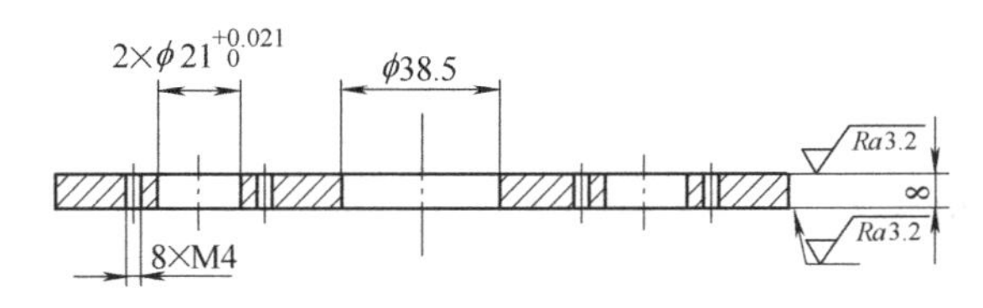

图 5-38　综合编程例 3

加工程序：O10；

```
G40  G80  G49;
G91  G28  X0  Y0  Z0;
```

```
M00;
G91 G30 Y0. Z0.;
M06 T01;
G90 G00 G54 X0. Y0.;
S3000 M03;
G90 G00 G43 Z70. H01;
M08;
G0 Z50.;
G0 X55. Y16.;
G98 G81 X55. Y16. Z-1. R1. F300;
X71. Y0.;
X23.55 Y-23.55;
X-55. Y-16.;
X-23.55 Y23.55;
X-55. Y16.;
X-39. Y0.;
X-71. Y0.;
X-23.55 Y-23.55;
X23.55 Y23.55;
X55. Y-16.;
X39. Y0.;
X55. Y0.;
X-55. Y0.;
X-83. Y-43.;
X-83. Y43.;
X83. Y-43.;
X83. Y43.;
X0. Y0.;
M05;
M09;
G80;
M00;
G91 G30 Z0.;
M06 T02;
G90 G00 G54;
S1200 M03;
G90 G00 G43 Z70. H02;
M08;
G0 Z50.;
```

```
G0   X55.   Y16. ;
G98   G83   X55.   Y16.   Z-10.   R1.   Q2.   F50;
X71.   Y0. ;
X23. 55   Y-23. 55;
X-55.   Y-16. ;
X-23. 55   Y23. 55;
X-55.   Y16. ;
X-39.   Y0. ;
X-71.   Y0. ;
X-23. 55   Y-23. 55;
X23. 55   Y23. 55;
X55.   Y-16. ;
X39.   Y0. ;
M05;
M09;
G80;
M00;
G91   G30   Z0. ;
M06   T03;
G90   G00   G54;
G90   G00   G43   Z70.   H03;
M08;
G0   X55.   Y16. ;
M29   S100;
G98   G84   X55.   Y16.   Z-10.   R1.   F70;
X71.   Y0. ;
X23. 55   Y-23. 55;
X-55.   Y-16. ;
X-23. 55   Y23. 55;
X-55.   Y16. ;
X-39.   Y0. ;
X-71.   Y0. ;
X-23. 55   Y-23. 55;
X23. 55   Y23. 55;
X55.   Y-16. ;
X39.   Y0. ;
M05;
M09;
G80;
```

```
M00;
G91  G30  Z0.;
M06  T04;
G90  G00  G54  X0.;
S650  M03;
G90  G00  G43  Z70.  H04;
M08;
G0  Z50.;
G0  X55.  Y0.;
G98  G83  X55.  Y0.  Z-10.  R1.  Q2.  F100;
X-55.  Y0.;
X-83.  Y-43.;
X-83.  Y43.;
X83.  Y-43.;
X83.  Y43.;
X0.  Y0.;
M05;
M09;
G80;
M00;
G91  G30  Z0.;
M06  T5;
G90  G00  G54;
S2500  M03;
G90  G00  G43  Z70.  H5;
M08;
G0  Z50.;
G0  X-109.258  Y54.;
G0  Z3.;
G1  Z-9.  F750;
G1  G41  D5  X-89.657  Y50.  F300;
G1  X88.;
G1  X90.  Y48.;
G1  Y-48.;
G1  X88.  Y-50.;
G1  X-88.;
G1  X-90.  Y-48.;
G1  Y48.;
G1  X-86.828  Y51.172;
```

```
G1   G40   X-109.258   Y54.;
G0   Z50.;
G0   X55.   Y0.;
G0   Z3.;
G1   Z-9.   F750;
G1   G41   D5   X44.5   F300;
G3   X60.248   Y-9.094   R10.5;
G3   Y9.094   R10.5;
G3   X44.5   Y0.   R10.5;
G1   G40   X55.;
G0   Z50.;
G0   X0.   Y0.;
G0   Z3.;
G1   Z-9.   F750;
G1   G41   D5   X-19.25   F300;
G3   X9.622   Y-16.673   R19.25;
G3   Y16.673   R19.25;
G3   X-19.25   Y0.   R19.25;
G1   G40   X0.;
G0   Z50.;
G0   X-55.   Y0.;
G0   Z3.;
G1   Z-9.   F750;
G1   G41   D5   X-65.5   F300;
G3   X-49.752   Y-9.094   R10.5;
G3   Y9.094   R10.5;
G3   X-65.5   Y0.   R10.5;
G1   G40   X-55.;
G0   Z50.;
G0   Z100.;
G0   X0.   Y0;
G91   G28   Z0.   Y0.;
M30;
```

4. 例 4

加工如图 5-39 所示零件，毛坯料为 285×185×15 硬铝，零件坐标系的零点为零件的中心，Z 轴方向零点为上表面。刀具分别为编号 T01，中心钻，长度补偿 H01；编号 T02，ϕ8.5 钻头，长度补偿 H02；编号 T03，M10 丝锥，长度补偿 H03；编号 T04，ϕ12 钻头，长度补偿 H04；编号 T05，ϕ5 铣刀，长度补偿 H05；编号 T06，ϕ10 铣刀，长度补偿 H06。

加工程序：O10;

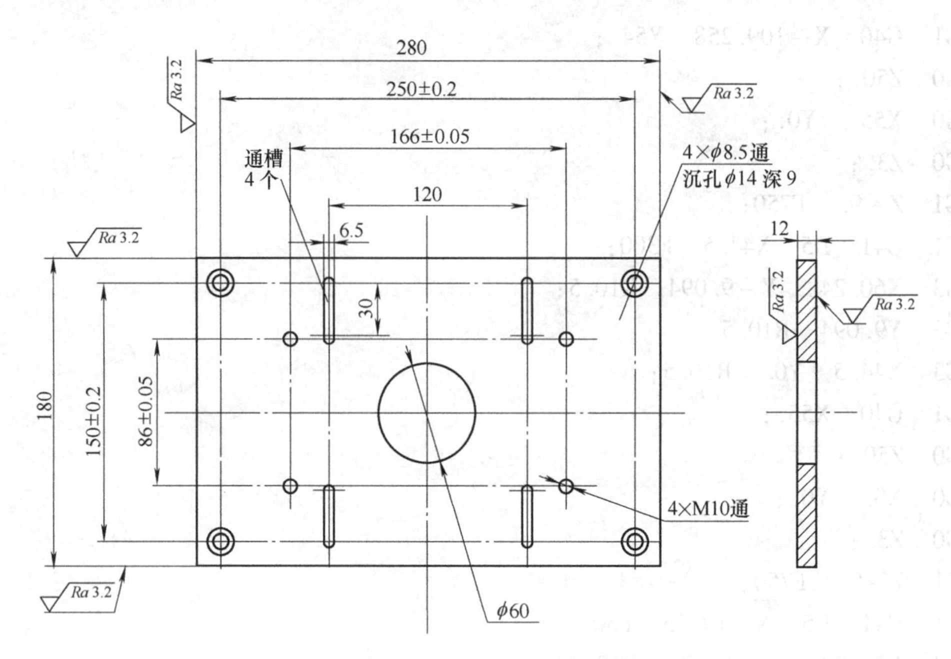

图 5-39 综合编程例 4

```
G40  G80  G49;
G91  G28  X0  Y0  Z0;
M05;
M09;
G80;
M00;
G91  G30  Y0.  Z0.;
M06  T01;
G90  G00  G54  X0.  Y0.;
S3000  M03;
G90  G00  G43  Z70.  H01;
M08;
G0  Z50.;
G0  X125.  Y75.;
G98  G81  X125.  Y75.  Z-1.  R1.  F300;
X125.  Y-75.;
X-125.  Y75.;
X-125.  Y-75.;
X-83.  Y-43.;
X-83.  Y43.;
X83.  Y-43.;
X83.  Y43.;
X0.  Y0.;
```

```
M05;
M09;
G80;
M00;
G91  G30  Z0. ;
M06  T02;
G90  G00  G54;
S611  M03;
G90  G00  G43  Z70.  H02;
M08;
G0  Z50. ;
G0  X-83.  Y-43. ;
G98  G83  X-83.  Y-43.  Z-15.  R1.  Q2.  F100;
X-83.  Y43. ;
X83.  Y-43. ;
X83.  Y43. ;
X125.  Y75. ;
X125.  Y-75. ;
X-125.  Y75. ;
X-125.  Y-75. ;
M05;
M09;
G80;
M00;
G91  G30  Z0. ;
M06  T03;
G90  G00  G54;
G90  G00  G43  Z70.  H03;
M08;
G0  X-83.  Y-43. ;
M29  S100;
G98  G84  X-83.  Y-43.  Z-15.  R1.  F150;
X-83.  Y43. ;
X83.  Y-43. ;
X83.  Y43. ;
M05;
M09;
G80;
M00;
```

```
G91  G30  Y0.  Z0.;
M06  T04;
G90  G00  G54  X0.;
S2080  M03;
G90  G00  G43  Z70.  H04;
M08;
G0  Z50.;
G0  X0.  Y0.;
G98  G83  X0.  Y0.  Z-15.  R1.  Q2.  F60;
M05;
M09;
G80;
M00;
G91  G30  Z0.;
M06  T5;
G90  G00  G54;
S3200  M03;
G90  G00  G43  Z70.  H5;
M08;
G0  Z50.;
G0  X125.  Y75.;
G0  Z3.;
G1  Z-9.  F50;
G1  G41  D5  X118.  F200;
G3  X128.499  Y68.937  R7.;
G3  Y81.063  R7.;
G3  X118.  Y75.  R7.;
G1  G40  X125.;
G0  Z50.;
G0  X125.  Y-75.;
G0  Z3.;
G1  Z-9.  F50;
G1  G41 D5  X118.  F200;
G3  X128.499  Y-81.063  R7.;
G3  Y-68.937  R7.;
G3  X118.  Y-75.  R7.;
G1  G40  X125.;
G0  Z50.;
G0  X-125.  Y75.;
```

```
G0  Z3.;
G1  Z-9.  F50;
G1  G41  D5  X-132.  F200;
G3  X-121.501  Y68.937  R7.;
G3  Y81.063  R7.;
G3  X-132.  Y75.  R7.;
G1  G40  X-125.;
G0  Z50.;
G0  X-125.  Y-75.;
G0  Z3.;
G1  Z-9.  F50;
G1  G41  D5  X-132.  F200;
G3  X-121.501  Y-81.063  R7.;
G3  Y-68.937  R7.;
G3  X-132.  Y-75.  R7.;
G1  G40  X-125.;
G0  Z50.;
G0  X60.  Y-75.;
G0  Z3.;
G1  Z-13.  F50;
G1  G41  D5  X56.75  F200;
G3  X60.  Y-78.25  R3.25;
G3  X63.25  Y-75.  R3.25;
G1  Y-45.;
G3  X60.  Y-41.75  R3.25;
G3  X56.75  Y-45.  R3.25;
G1  Y-75.;
G1  G40  X60.;
G0  Z50.;
G0  X-60.  Y-45.;
G0  Z3.;
G1  Z-13.  F50;
G1  G41  D5  X-56.75  F200;
G3  X-60.  Y-41.75  R3.25;
G3  X-63.25  Y-45.  R3.25;
G1  Y-75.;
G3  X-60.  Y-78.25  R3.25;
G3  X-56.75  Y-75.  R3.25;
G1  Y-45.;
```

```
G1  G40  X-60.;
G0  Z50.;
G0  X-60.  Y75.;
G0  Z3.;
G1  Z-13.  F50;
G1  G41  D5  X-56.75  F200;
G3  X-60.  Y78.25  R3.25;
G3  X-63.25  Y75.  R3.25;
G1  Y45.;
G3  X-60.  Y41.75  R3.25;
G3  X-56.75  Y45.  R3.25;
G1  Y75.;
G1  G40  X-60.;
G0  Z50.;
G0  X60.  Y45.;
G0  Z3.;
G1  Z-13.  F50;
G1  G41  D5  X56.75  F200;
G3  X60.  Y41.75  R3.25;
G3  X63.25  Y45.  R3.25;
G1  Y75.;
G3  X60.  Y78.25  R3.25;
G3  X56.75  Y75.  R3.25;
G1  Y45.;
G1  G40  X60.;
G0  Z50.;
M05;
M09;
G80;
M00;
G91  G30  Y0.  Z0.;
M06  T6;
G90  G00  G54  X0.;
S3200  M03;
G90  G00  G43  Z70.  H6;
M08;
G0  Z50.;
G0  X-166.519  Y95.;
G0  Z3.;
```

```
G1  Z-13.  F75;
G1  G41  D6  X-145.  Y90.  F300;
G1  X140.;
G1  Y-90.;
G1  X-140.;
G1  Y95.;
G1  G40  X-166.519;
G0  Z50.;
G0  X0.  Y0.;
G0  Z3.;
G1  Z-13.  F75;
G1  G41  D6  X-30.  F300;
G3  X14.995  Y-25.984  R30;
G3  Y25.984  R30.;
G3  X-30.  Y0.  R30.;
G1  G40  X0.;
G0  Z50.;
G0  Z100.;
G0  X0.  Y0;
G91  G28  Z0.  Y0.;
M30;
```

5. 例 5

加工如图 5-40 所示零件，毛坯料为 $\phi 205 \times 70$ 硬铝，零件坐标系的零点为零件的中心，Z 轴方向零点为上表面。刀具分别为编号 T01，外圆刀；编号 T02，镗孔刀；编号 T03，中心钻，长度补偿 H03；编号 T04，$\phi 22$ 钻头，长度补偿 H04；编号 T05，$\phi 12$ 铣刀，长度补偿 H05。

```
程序：O0120;
      T0101;
      M03  S600  F0.3;
      G0  X205;
      Z5;
      G71  U1  R0.5;
      G71  P10  Q50  U0.3;
N10  G1  X198;
      Z0;
N50  G1  X200  Z-62;
      G0  X50;
      Z200;
      T0101;
```

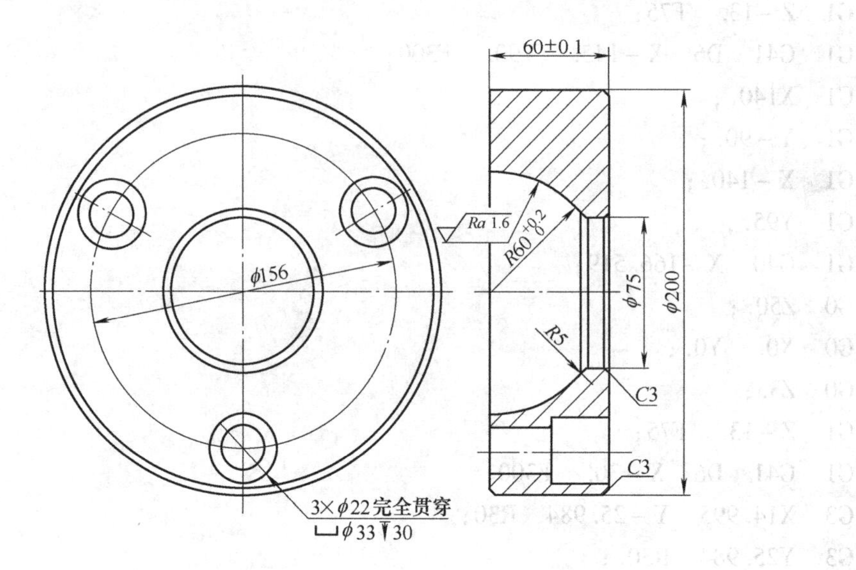

图 5-40　综合编程例 5

```
      M03   S1200   F0.1;
      G0   X20;
      Z5;
      G70   P10   Q50;
      G0   X50;
      Z200;
      T0202;
      G0   X70   Z2;
      G71   U-1   R0.5;
      G71   P10   Q50   U0.3;
N10   G1   X60;
      Z0;
      G3   X78.46   Z-45.4   R60;
      G2   X75   Z-49.18   R5;
N50   G1   Z-62;
      G0   X50;
      Z200;
      T0101;
      M03   S1200   F0.1;
      G0   X20;
      Z5;
      G70   P10   Q50;
      G0   X50;
      Z200;
```

```
    M30;

O01400;
    G40  G80  G49;
    G91  G28  X0  Y0  Z0;
    M00;
    G91  G30  Y0.  Z0.;
    M06  T03;
    G90  G00  G54  X0.  Y0.;
    S3000  M03;
    G90  G00  G43  Z70.  H03;
    M08;
    G0  Z50.;
    G0  X67.55  Y39.;
    G98  G81  X67.55  Y39.  Z-1.  R1.  F300;
    X0.  Y-78.;
    X-67.55  Y39.;
    M05;
    M09;
    G80;
    M00;
    G91  G30  Y0.  Z0.;
    M06  T04;
    G90  G00  G54  X0.;
    S5200  M03;
    G90  G00  G43  Z70.  H04;
    M08;
    G0  Z50.;
    G0  X67.55  Y39.;
    G98  G83  X67.55  Y39.  Z-75.  R1.  Q2.  F50;
    X0.  Y-78.;
    X-67.55  Y39.;
    M05;
    M09;
    G80;
    M00;
    G91  G30  Y0.  Z0.;
    M06  T5;
    G90  G00  G54  X0.;
```

```
S3500  M03;
G90  G00  G43  Z70.  H5;
M08;
G0  Z50.;
G0  X67.55  Y39.;
G0  Z3.;
G1  Z-30.  F75;
G1  G41  D5  X51.05  F300;
G3  X75.797  Y24.709  R16.5;
G3  Y53.291  R16.5;
G3  X51.05  Y39.  R16.5;
G1  G40  X67.55;
G0  Z50.;
G0  X0.  Y-78.;
G0  Z3.;
G1  Z-30.  F75;
G1  G41  D5  X-16.5  F300;
G3  X8.247  Y-92.291  R16.5;
G3  Y-63.709  R16.5;
G3  X-16.5  Y-78.  R16.5;
G1  G40  X0.;
G0  Z50.;
G0  X-67.55  Y39.;
G0  Z3.;
G1  Z-30.  F75;
G1  G41  D5  X-84.05  F300;
G3  X-59.303  Y24.709  R16.5;
G3  Y53.291  R16.5;
G3  X-84.05  Y39.  R16.5;
G1  G40  X-67.55;
G0  Z50.;
G0  Z100.;
G0  X0.  Y0;
G91  G28  Z0.  Y0.;
M30;
```

5.5 思考题

1. 铣床刀具半径补偿有何意义？如何建立刀具半径补偿？

2. 试述加工中心与数控机床的主要区别？

3. 采用终点坐标 + 半径是否可以编程任意圆弧？负半径的意义是什么？能否采用终点坐标 + 半径方式编程一个整圆？

4. 加工如图 5-41 所示零件，毛坯料为 120×120×15 硬铝，零件坐标系的零点为零件的正中心，Z 轴方向零点为上表面。根据加工要求，编制数控程序。

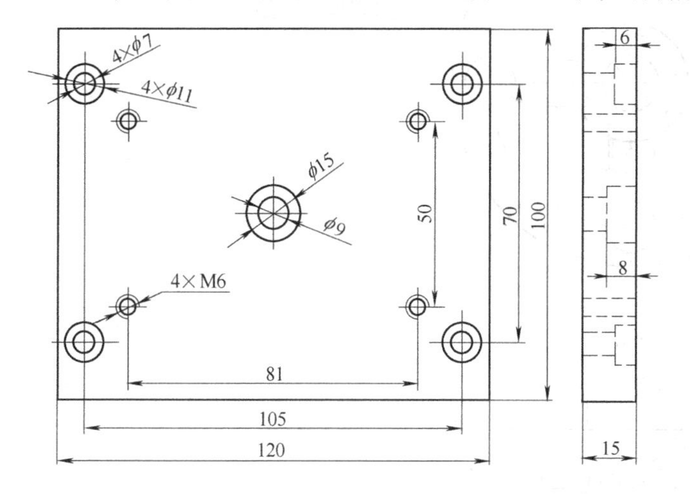

刀具表			
序号	刀具类型	刀具号	刀具偏置
1	中心钻	T1	H1
2	麻花钻	T2	H2
3	麻花钻	T3	H3
4	麻花钻	T4	H4
5	M6 丝攻	T5	H5
6	φ8 铣刀	T6	H6

图 5-41　编程零件图一

5. 如图 5-42 所示零件图，根据工艺要求，选择刀具并编制加工程序。

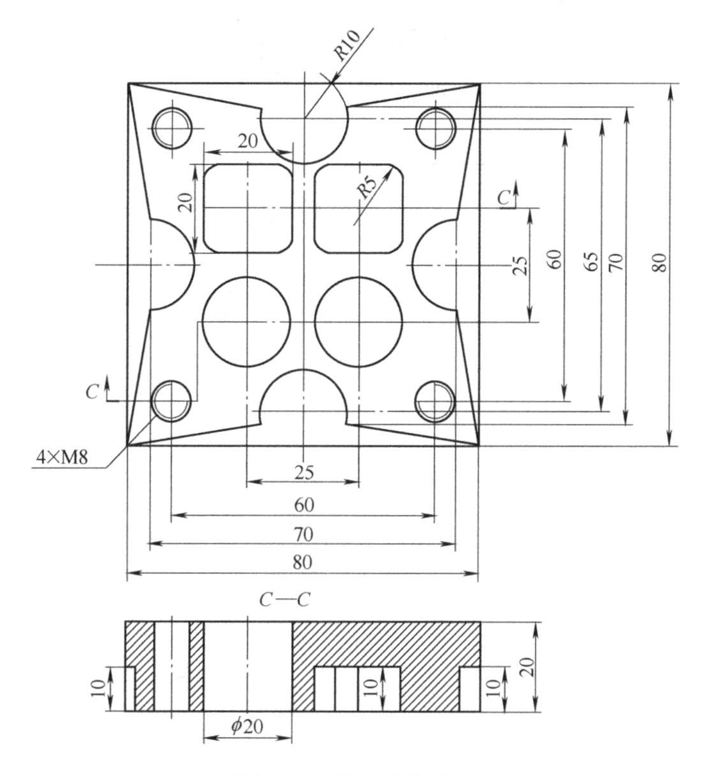

图 5-42　编程零件图二

6. 如图 5-43 所示零件图样，根据工艺要求，选择刀具并编制加工程序。

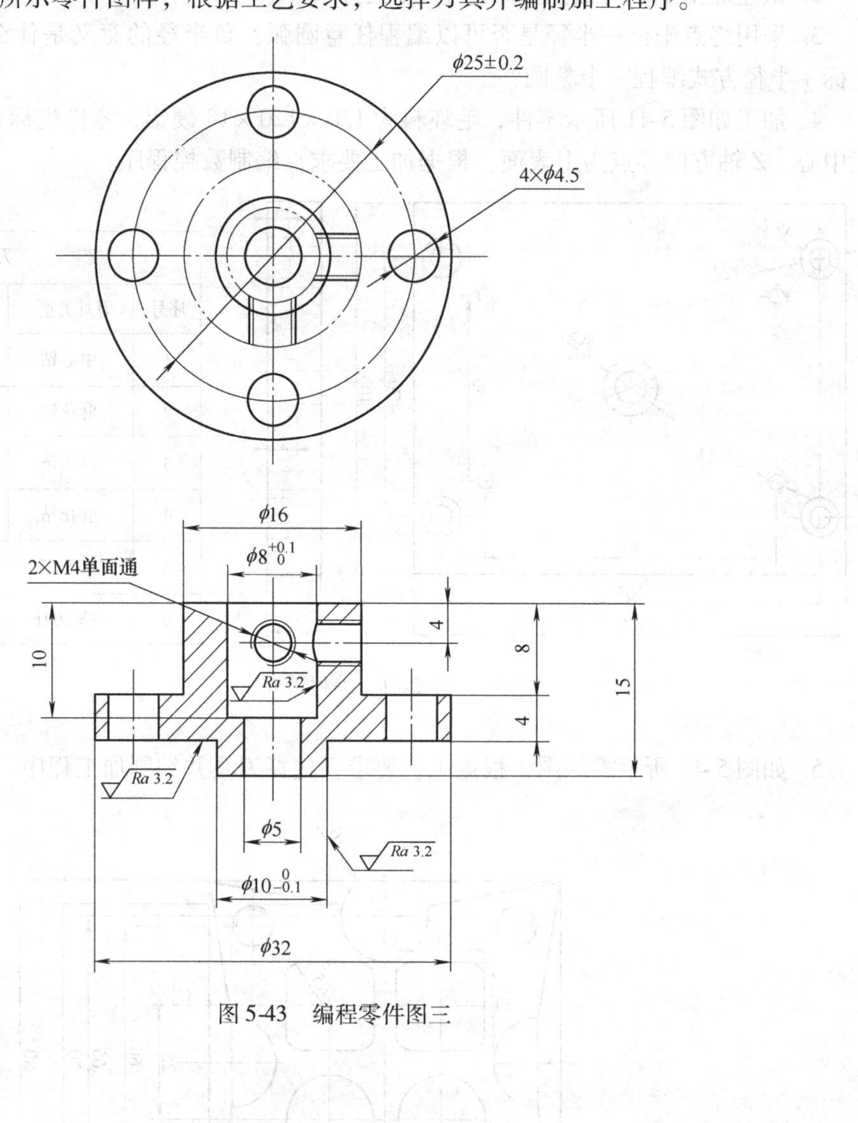

图 5-43　编程零件图三

第 6 章　数控加工中心的操作

加工中心与数控铣床的面板相似，在结构上加工中心比数控铣床多了刀库和换刀装置，加工时自动选择和更换刀具，能连续完成工件几个面的多工序加工。下面以 MITSUBISHI M80 系统加工中心为例，介绍其操作过程。

控制面板分成两个单元，即系统控制面板与操作控制面板。系统控制面板用来编辑程序，操作控制面板则是用来控制机床的运转。操作面板的设计根据各厂家的设计不同而各异。

6.1　系统控制面板

6.1.1　系统控制面板的按键说明

图 6-1 是 MITSUBISHI M80 加工中心系统控制面板，主要由 LED 显示单元和 MDI 键盘单元组成，其中显示单元标配了 10.4′的静电容式触摸屏（可选 15′），如同当前智能手机和平板电脑般的灵活操作体验，同时继承了 MITSUBISHI M7 系列以往的画面操作风格。显示单元包括显示各功能画面的内容，可以通过 MDI 键盘、各画面菜单键以及触摸屏进行画面切换和数据设定等操作。图 6-2 是 MDI 键盘单元布局图（竖列式），各键的名称和功能见表 6-1。

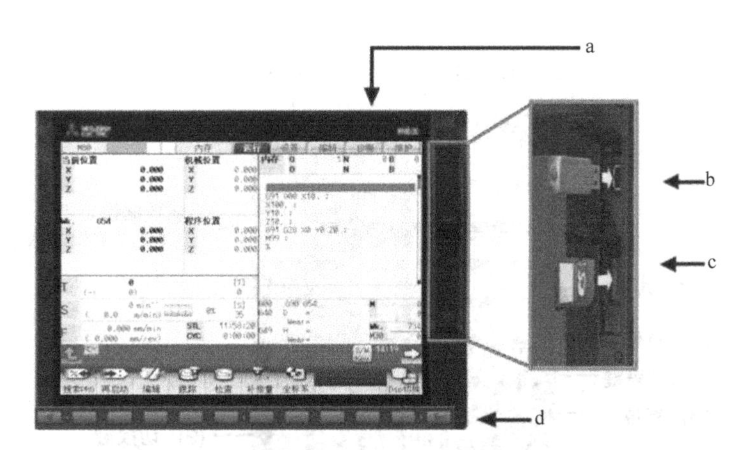

图 6-1　MITSUBISHI M80 加工中心的系统控制面板

a—显示器　b—前置式 USB 存储器 I/F　c—前置式 SD 卡 I/F　d—菜单键

MITSUBISHI M70 加工中心控制面板与 M80 系统的区别主要有如下几点：1）M70 系统是 CRT 显示单元，M80 是 LED 显示单元。2）控制面板的布局不同，M70V 的系统控制面板和 MDI 键盘布局如图 6-3 所示。3）M70 系统控制面板是非触摸式。

除此之外，两个系统的 MDI 键盘的按键功能相同。

图 6-2　MITSUBISHI M80 MDI 键盘布局图

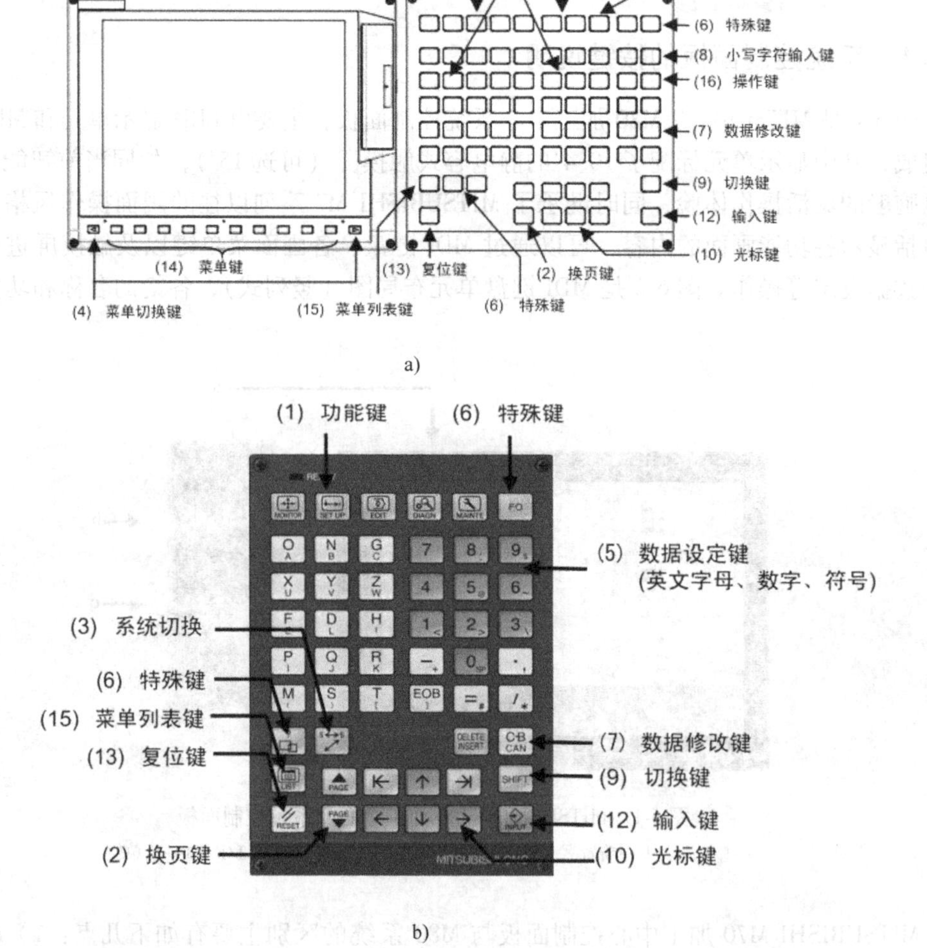

a)

b)

图 6-3　MITSUBISHI M70V 加工中心系统控制面板和 MDI 键盘布局图

a）MITSUBISHI M70V 加工中心的系统控制面板　b）MITSUBISHI M70V MDI 键盘布局图

表6-1　MITSUBISHI M80数控系统MDI键盘按键说明

类　别	按键名称	功　能
功能键	MONITOR	按此键显示坐标位置，运行设定的程序
	SETUP	按此键显示设定画面
	EDIT	按下此键，会显示MDI（手动输入方式）画面和编辑画面。这两种画面均可进行程序内容的追加、消除和变更等操作
	DIAGN	按此键可利用操作面板上的所有按钮，开关进行各项检测工作
	MAINTE	按此键显示维护画面
换页键	上一页键 下一页键	按此键在屏幕上朝前翻一页 按此键在屏幕上朝后翻一页
系统切换	$—$	在多系统NC中，按此键显示下一系统的数据。在系统通用画面及单系统中按此键时画面不变
数据设定键		用于输入字母、数字和运算符号等
特殊键	帮助键	按下此键可以显示如何操作机床，如MDI键盘的操作，可在CNC报警时提供报警的详细信息 按此键显示波形画面。在该画面中，以时间为单位，同时显示伺服的运转状态变化
数据修改键	C. B CAN DELETE/INSERT	用来删除1个单节的程序指令，将光标移动到所要删除的单节位置上，按此键后整行数据被删除，同时屏幕的右下角会出现“编辑中”的字样 按下此键可以删除单个字符。将光标移动到所要删除的字符位置，按此键后数据被删除，同时光标向后移动1格，屏幕的右下角会出现“编辑中”的字样

（续）

类　别	按键名称	功　能
切换键	SHIFT	在有些键的顶部有两个字符，按SHIFT键可以选择字符。当一个特殊字符在屏幕上显示时，表示键面右下角的字符可以输入
光标键		在画面显示项目上设定数据时，上下移动光标 在数据设定区域内，逐个字符左右移动光标 光标位于最左端时，按此键移到上一行的最右端 光标位于一行最右端时，按此键移动到下一行的最左端
输入键	INPUT	用于确定数据设定区域的数据，并将其写入到内部数据。输入后光标移动到下一位置
复位键	RESET	消除故障报警；终止程序的执行；使用M02程序结束指令时，可以按此键使光标迅速回到程序的最前端
菜单列表键	MENU　LIST	用于列表显示各画面的菜单结构

在LED屏幕的底部，还有10个按键，是屏幕下方菜单显示区功能选择键，与屏幕下方的功能按键相对应，如图6-4所示。左右两侧带有箭头的按键功能分别为前、后翻页，另外也可通过触摸屏直接左右滑动进行翻页。

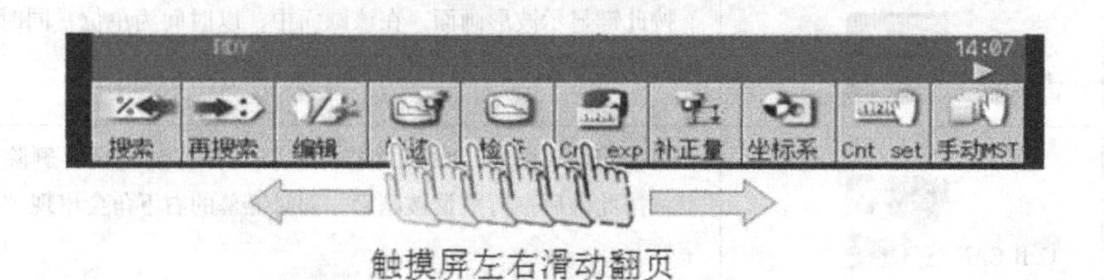

图6-4　MITSUBISHI M80系统菜单键

6.1.2　各功能画面说明

6.1.2.1　运行画面（开机启动画面）

运行　设置　编辑　诊断　维护

在运行画面中可以进行如下内容的操作（见表 6-2）

表 6-2　MITSUBISHI M80 数控系统运行画面按键功能

按　键	说　明	按　键	说　明
搜索PRG	进行运行程序的搜索及呼叫	再启动	进行程序的再启动搜索
编辑	编辑搜索的加工程序	跟踪	对加工程序进行图形跟踪
检查	对加工程序进行 2D/3D 的轨迹检查	补偿量	显示及设定刀具补偿量的数值
坐标系	显示及设定工件坐标系偏置	W-shift	显示工件坐标系移位画面
Dsp sw.	显示切换运行画面的显示形式的子菜单	模态	显示程序当前 G 代码模态
程序树	显示程序树	计时	显示及设定日期、时间、累计时间等数据
共变量	显示及设定共变量数据	局变量	显示局变量数据
PRG修改	进行缓存修正	PLC开关	打开或关闭 PLC 开关
G92设定	进行原点设定、原点取消	比较停	进行比较停止
负载表	使用用户 PLC 通过条形图显示主轴负载、NC 轴负载。显示内容因机床厂规格而异	主轴/待	显示当前的主轴刀号与下一个要使用的待选刀号，显示内容因机床厂规格而异

（续）

按　　键	说　　明	按　　键	说　　明
刀尖点	显示刀尖坐标，手轮插入量（刀具轴移动）及刀尖速度	全主轴	显示所有主轴的指令转速及实际转速值
面选择	选择执行侧面加工或侧斜面加工的加工面	下一轴	切换计数器显示，切换显示中的轴
计数exp	放大坐标系，显示所有轴	Cnt set	可将相对位置坐标系设为任意值
手动MST	进行 MST 手动数值指令		

6.1.2.2　设置画面 

运行　设置　编辑　诊断　维护

在设置画面中可以进行如下内容的操作（见表 6-3）

表 6-3　MITSUBISHI M80 数控系统设置画面按键功能

按　　键	说　　明	按　　键	说　　明
补偿量	显示及设定刀具补偿量的数值	T测量	通过手动将刀具移动到测量点，测量从基准点到测量点的移动距离，并可将其设为刀具偏置量
T登录	为便于系统识别安装到机床上的刀具，对各刀具进行编号，安装刀具时，刀号与安装刀具时的刀座及主轴刀具，待选刀具相对应	T寿命	设定及显示刀具的使用状况等寿命管理数据
坐标系	显示及设定工件坐标系偏置	Wk测量	设定及测量工件或测量工件坐标系移位量
T管理	设定及显示“补偿量”、“T 寿命”刀具信息的画面联动，可相互设定、显示信息	MDI编辑	编辑 MDI 程序
Cnt set	弹出相对位置计数器，可执行计数器设置	手动MST	通过输入 S、M、T、B 等地址，可设定/执行手动数值指令

（续）

按　　键	说　　明	按　　键	说　　明
T指令	检索指定程序文件（含子程序）的 T 指令，并按照出现的先后顺序列表显示	APC 工作台	在托盘更换装置（以下简称为 APC）的托盘登录加工程序
用户PRM	可切换、显示，设定相关用户种参数	加工面	登录侧面加工或倾斜面加工的工件及其加工面
加工Set	配合加工用途、加工工程设定多组高精度参数		

6.1.2.3　编辑画面

在编辑画面中可以进行如下内容的操作（见表 6-4）

表 6-4　MITSUBISHI M80 数控系统编辑画面按键功能

按　　键	说　　明	按　　键	说　　明
编辑	进行加工程序的新建及编辑	检查	不执行自动运行，通过描绘加工程序的移动轨迹（2D）、切削中的工件形状・刀具移动（3D）的功能描绘 NC 内部的运算结果
I/O	在 NC 内部存储器与外部输入输出设备之间执行加工程序的输入输出		

6.1.2.4　诊断画面、维护画面

以上两个画面中的操作主要供机床厂调试人员使用，在此不做介绍。

6.1.3　启动画面显示信息说明

LED 显示屏显示的信息内容因单双系统、屏幕尺寸等因素各有不相同。下面以 5 轴以下单系统 <自动/MDI>，10.4 寸的显示画面为例，介绍启动画面各显示信息，如图 6-5 所示，画面显示项目说明见表 6-5。

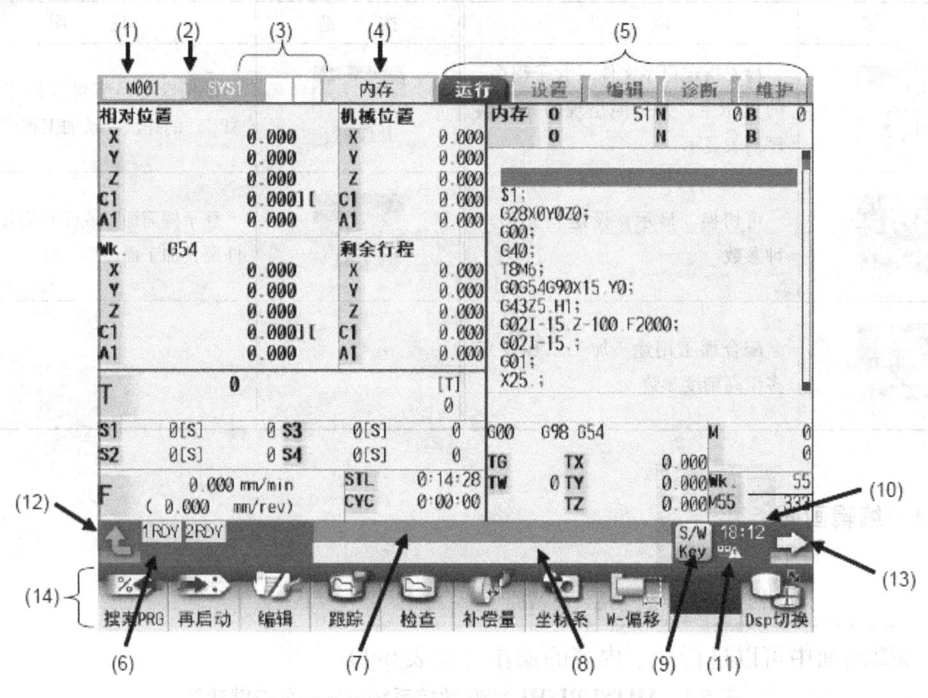

图 6-5　MITSUBISHI M80 系统启动画面（5 轴以下 10.4 寸显示屏）

表 6-5　MITSUBISHI M80 启动画面显示项目说明

显示项目	内　　容
(1) 设备名/图标显示	显示当前的设备名。未设定 NC 名或存在机床厂准备的图标时，不显示字符串
(2) 系统名	多系统规格时，显示当前的系统名 单系统规格时，不显示系统名 未设定参数值时，通过“‘$’+（系统号）”显示。（例：系统 2 时 $ 2）
(3) NC 状态	显示 NC 当前状态。显示多个状态时，显示优先顺序高的内容
(4) 运行模式 MDI 状态	显示系统的运行模式与运行模式为 MDI 时，显示 MDI 状态
(5) 画面组	显示当前选中的画面组
(6) 运行状态	显示 NC 运行状态
(7) 报警信息	显示当前发生的报警和警告中优先级最高的内容
(8) 操作信息	显示操作信息
(9) 软键盘按钮	按按钮，即可显示软键盘。参数“Software keyboard”为“0”时不显示。但未安装 NC 键盘时，与参数设定无关显示软键盘
(10) 时间	显示当前时间。（小时：分钟）
(11) 主站连接状态	参数“显示，设定操作限制”为“0”或“1”时，连接其他主站 PC 或是显示器时，显示此图标
(12) 菜单返回按钮	将当前显示画面的操作菜单切换到与当前画面对应的画面选择菜单。也可用于取消当前显示画面的菜单操作
(13) 菜单切换按钮	无法一次性显示所有菜单时，按此键显示当前未显示的菜单
(14) 菜单	在切换画面、选择画面固有操作时使用

6.1.4　触摸屏功能

使用触摸屏显示器时，可在触摸屏上直接进行触摸式画面操作。

6.1.4.1　触摸屏基本画面介绍

MITSUBISHI M80 系统触摸屏显示画面如图 6-6 所示。

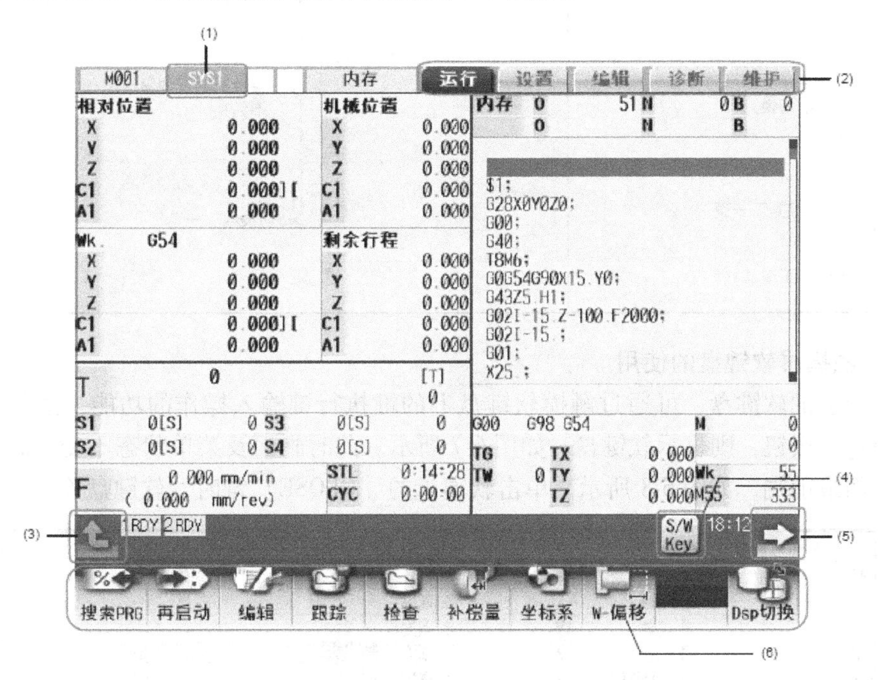

图 6-6　MITSUBISHI M80 系统触摸屏显示画面

M80 触摸屏上显示项目说明见表 6-6。

表 6-6　MITSUBISHI M80 触摸屏显示项目说明

显示项目	内　　容
（1）系统切换	从当前系统切换到下一系统
（2）功能切换	切换到所选画面 与通过按键输入切换画面时相同，通过选择主选项卡切换画面时，当前有弹出窗口时，需先关闭弹出窗口后再切换画面。当前正在编辑文件时，确认保存文件后再切换画面
（3）菜单操作取消	将当前显示画面的操作菜单切换到与当前画面对应的画面选择菜单。也可用于取消当前显示画面的菜单操作
（4）软键盘显示	显示画面上的软键盘
（5）下一菜单切换	当存在下一菜单时，切换到下一菜单
（6）菜单选择	选择菜单时，执行所选菜单的处理动作

选择屏幕滚动条上的［▲］［▼］键，可向上、向下逐行滚动。选择无滑块的空白位置，可切换到下一页、上一页。不可拉伸切换页码。其操作说明见表 6-7。

表 6-7　MITSUBISHI M80 滚动条操作说明

<通常时>	<工件坐标系偏置窗口，W 坐标帧、局变量、T 代码列表时>（注 1）

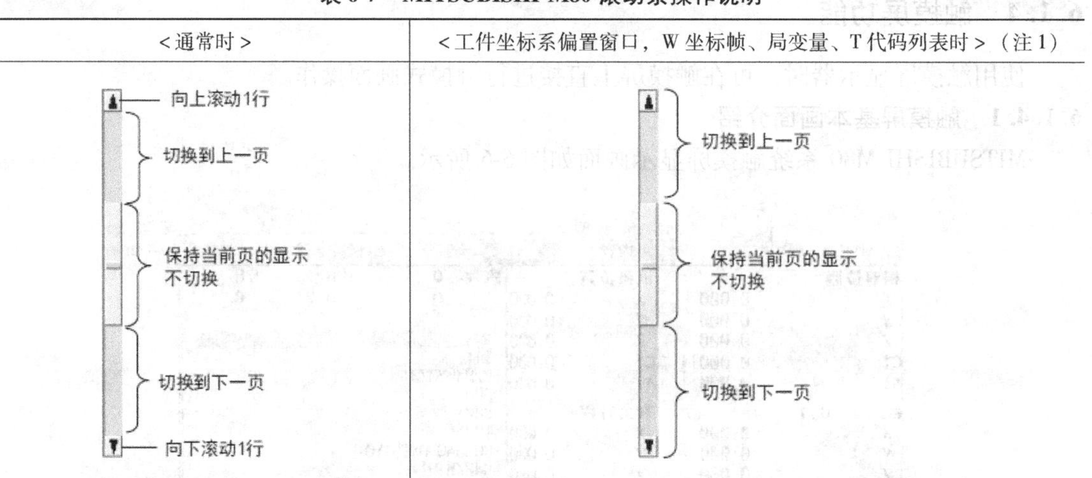

6. 1. 4. 2　触摸屏软键盘的使用

在画面上的软键盘，可通过触摸软键盘上的键执行键输入操作的功能。按各画面中的［S/W　Key］按钮，则显示软键盘，如图 6-7 所示。此时画面及菜单状态不变。软键盘一般显示在画面最前端，如图 6-8 所示。单击软键盘的［CLOSE］键时，软键盘关闭。

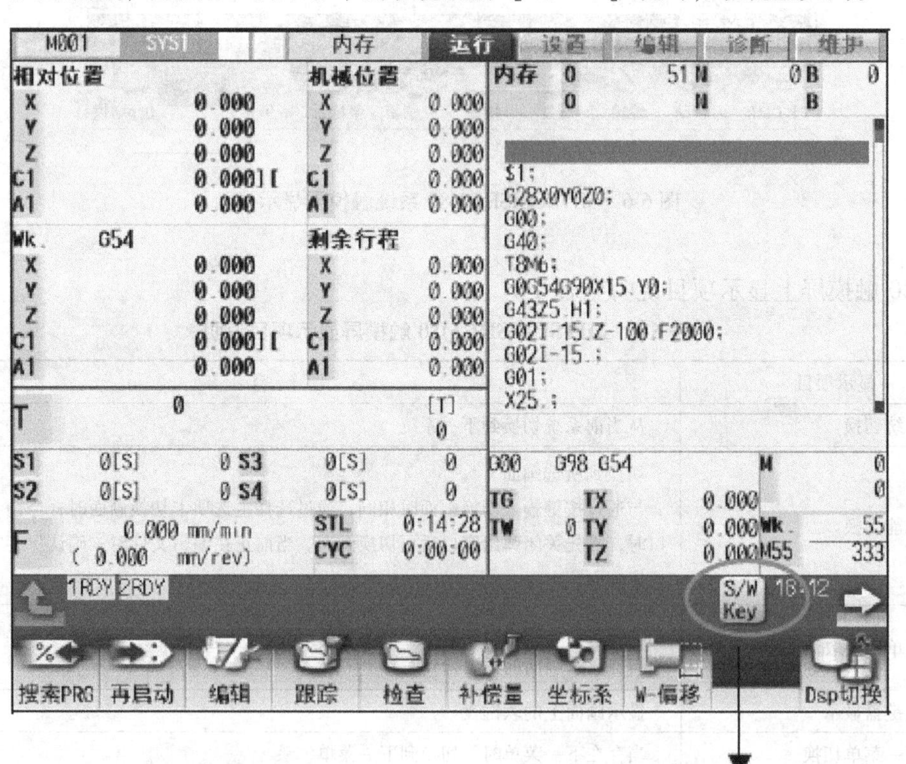

图 6-7　MITSUBISHI M80 系统软键盘打开显示按钮

软键盘显示的画面如图 6-9 所示，各显示项目说明见表 6-8。

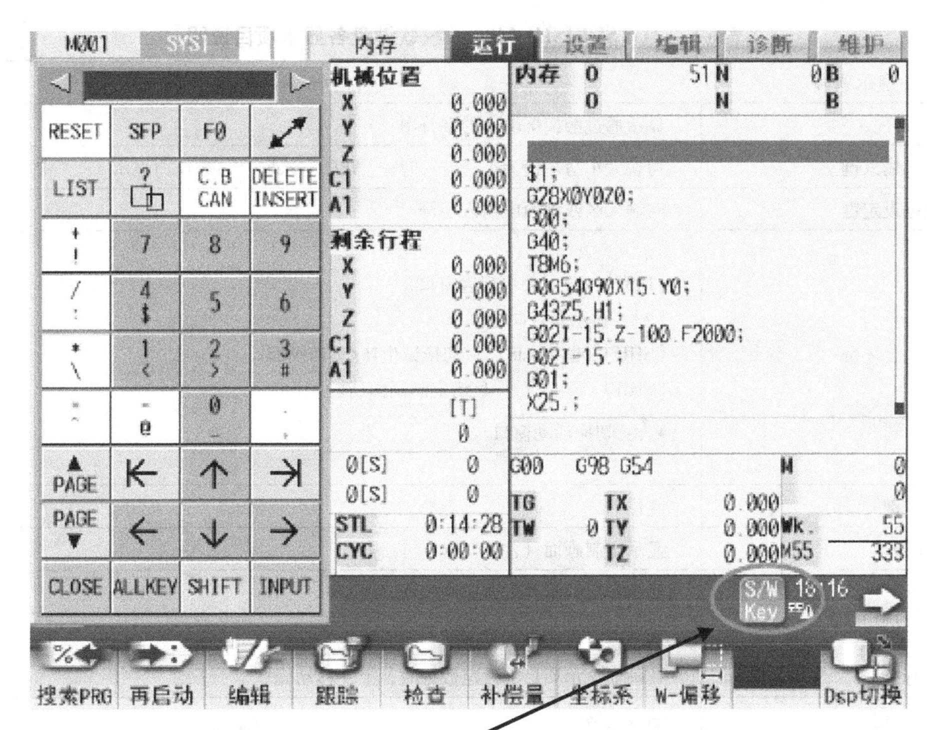

图 6-8　MITSUBISHI M80 系统软键盘打开画面

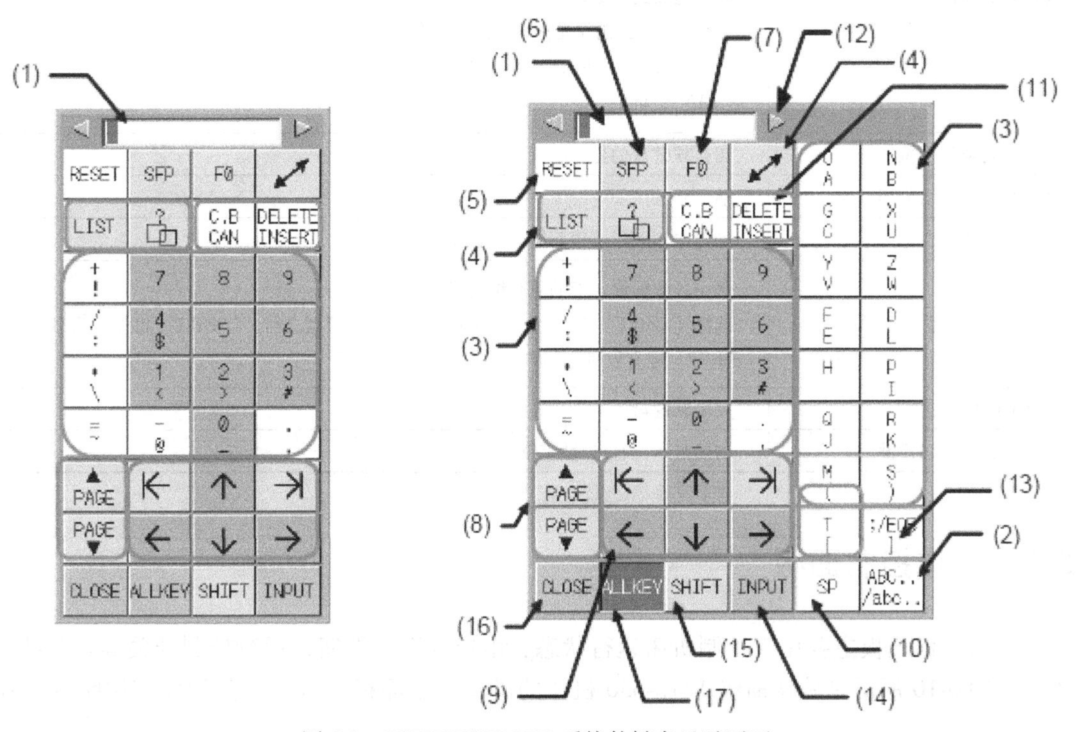

图 6-9　MITSUBISHI M80 系统软键盘显示画面

表 6-8　MITSUBISHI M80 系统软键盘各显示项目说明

显示项目	内　　容
(1) 输入区	显示通过触摸屏输入的字符串
(2) 小写输入键	切换大小写。设为小写输入时，[ABC.，/abc..] 键反白显示
(3) 数据设定键	向输入区或画面中输入字符
(4) 窗口操作键	[LIST]：显示菜单列表窗口 [?]：显示参数向导窗口 [SHIFT]键+[LIST]：切换试生产/量产画面 [SHIFT]键+[?]：显示定制画面(注) ：切换活动窗口
(5) 复位键	复位 NC
(6) SFP 键	显示定制画面（注）
(7) F0 键	显示在线编辑画面或定制画面（注）
(8) 换页键	显示上一页或下一页的内容
(9) 光标键	在画面显示项目上设定数据时，上下移动光标
(10) 空格键	输入空格
(11) 数据修改键	[INSERT]：进入数据插入模式后，按下数据设定键时，向当前光标位置之前插入字符 此时按[DELETE]、[C. B CAN]、[INPUT]、光标键、TAB 等键或切换到其他画面时，返回到数据改写模式 [DELETE]：删除光标位置前的 1 个字符 [C、B]：取消输入栏的设定数据 [CAN]：取消
(12) 切换显示位置	切换软键盘的显示位置
(13) 程序段结束键	输入;
(14) INPUT 键	确定向输入栏或画面输入的数据
(15) SHIFT 键	启用各数据设定键的下一级含义 选择 [SHIFT] 键后，在按其他键或关闭软键盘之前，[SHIFT] 键始终有效。当 [SHIFT] 键有效时，菜单将反白显示
(16) CLOSE 键	关闭软键盘
(17) 键显示切换键	切换显示所有键/数字键

6.2　操作控制面板

机床操作面板主要用于控制机床运行状态，由模式选择按钮，运行控制开关等多个部分组成。图 6-10 所示是威诺斯汉 VMC-650 机床的操作控制面板。每个部分的详细说明见表 6-9。

图6-10 威诺斯汉 VMC-650 型机床操作面板

表6-9 威诺斯汉 VMC-650 型机床操作面板各按钮功能

按 钮	名 称	功能简介
	紧急停止（EMERG STOP）	按下急停按钮，使机床移动立即停止，并且所有的输出如主轴的转动等都会关闭
	电源开（LIGHT ON）	打开电源
	电源关（LIGHT OFF）	关闭电源
模式选择	手动方式（JOG）	手动方式，连续进给
模式选择	原点返回（ZERO RETURN）	机床回零；机床必须首先执行回零操作，然后才可以运行
模式选择	记忆方式（MEM RESTART）	通过呼叫保存在内存中的加工程序，执行自动运行
模式选择	快速进给（RAPID）	可通过手动操作，使机床以快速进给速度连续移动

（续）

按　钮	名　称	功能简介
 模式选择	 手动数据输入（MDI）	单程序段执行模式
 模式选择	手轮进给（HANDLE）	可通过转动手轮移动控制轴。手轮的每个刻度的移动量由“手轮/增量倍率”开关设定
 模式选择	编辑模式（EDIT）	编辑数控程序
	DNC 连线（DNC）	用 RS232 的电缆线连接 PC 和数控机床，选择程序传输加工
	程序起动（CYCLE START）	程序运行开始或继续运行被暂停的程序
	程序暂停（CYCLE STOP）	在程序运行过程中，按下此按钮运行暂停
 	手动主轴正转/手动主轴反转（FWD-RVS）	按下“主轴正转”，主轴开始顺时针旋转；按下“主轴反转”，主轴开始逆时针旋转
	手动主轴停止（STOP）	按下此按钮，主轴停止转动
	进给轴选择	用于起动手动运行时的控制轴
	连续进给速率（FEEDRATE OVERRIDE）	在 0% ~300% 范围内，以 10% 为单位对自动运行时的进给速度、手动运行时 JOG 进给的“手动进给速度”设定倍率
	快速进给速率（RAPID OVERRIDE）	对自动运行及手动运行中的快速进给速度设定倍率
	主轴转速（SPINDLE SPEED）	对自动运行中由加工程序指定的或手动运行中的指定主轴/铣削轴的转速设定倍率

（续）

按　钮	名　称	功 能 简 介
	机械锁定（SINGLE BLOCK）	即单步执行开关，每按一次程序起动执行一条程序指令
	单节忽略（BLOCK DELETE）	在自动方式下按下此键，跳过程序段开关带有“/”程序
	Z 轴锁定（Z AXIS LOCK）	按下时，Z 轴不能移动
	选择性停止（OPTIONAL STOP）	按下此键，在程序运行中，M00 程序停止
	机械空跑（DRY RUN）	按下此键，按照机床默认的参数执行程序
	程序再启动（RESTART）	由于刀具破损等原因自动停止后，程序可以从指定的程序段重新起动
	单节执行（SBK）	每按一次程序起动执行一条程序指令
	辅助功能锁定（M. S. T BLOCK）	打开“辅助功能锁定”开关，可忽略 M，S，T 功能的执行
	自动断电（AUTO POWER-OFF）	按下此键，机床自动断电
	超程解除（STROKE ENDRELEASE）	用于解除因超程引起的报警
	主轴定向（SPINDLE ORIENTATION ）	该功能可使数字主轴在某固定位置停止旋转
	程序保护钥匙开关（PROG PROTECTION）	此开关接通，可进行加工程序的编辑存储。此开关断开，存储器内的程序不能改变

6.2.1　手动操作方式

手动操作方式，是指操作控制面板上的开关、按钮等依据实际需要，以手动的方式操作，使机床产生位移动作。

1. 手动返回参考点 ZRN 原點復歸

当机床开启时，首先应进行返回参考点操作。此外，若机床在运行中遇到急停或超程报警，待故障排除后必须重新返回机床参考点，机床才能开始工作。具体步骤如下：

①将模式选择开关转到返回参考点档位；

②按与返回参考点相应的进给轴和方向选择开关，按住开关直到刀具返回到参考点，此时，相应的指示灯亮起。

2. JOG 进给模式 JOG 寸動

在该模式下，可通过手动方式，使机床以“手动进给速度”开关设定的进给速度连续移动，也可以按一下轴向按钮，工作台或立柱移动一定距离，即点动。在该模式下，进给速率是固定的。

通过“进给轴选择”开关启动 JOG 模式。操作步骤为

(1) 将“模式选择”开关转到“JOG”位置上；

(2) 按“进给轴选择”开关，使机床沿相应的轴的方向移动。

(3) 手动连续进给速度可由“连续进给速率”刻度盘调整。

3. 手轮进给模式 MPG 手輪

可通过转动手轮移动控制轴。手轮的每个刻度的移动量由“连续进给速率”开关设定。由“手轮轴选择”开关设定可通过手轮移动的轴。操作步骤为

(1) 通过“模式选择”开关选择手轮进给模式；

(2) 通过“进给轴选择”开关移动相应的轴；

(3) 通过“连续进给速率”开关选择手轮每 1 刻度的移动量。

4. 快速进给模式 RAPID 快速移位

可通过手动操作，使机床以快速进给速度连续移动。如果通过“快速进给速率”开关，进给速度可以产生 4 级速度变化。通过“进给轴选择”开关起动快速进给。操作步骤为：

(1) 通过“模式选择”开关选择快速进给模式；

(2) 通过“快速进给速率”开关选择任意速率值；

(3) 打开“进给轴选择”开关，开关打开期间控制轴移动。关闭开关则控制轴减速停止。

6.2.2　自动运行方式

数控机床按程序运行称为自动运行，其类型如下：

1. 记忆运行 MEM 記憶

程序预先存储在存储器中，当选定一个程序并按下机床操作面板上的“程序起动”按

钮，开始自动运行。此时，程序起动灯亮起。其具体操作步骤如下：

（1）选择“模式选择”开关中的记忆模式；

（2）从存储的程序中调用一个程序；

（3）使用“快速进给速率”、“连续进给速率”、“主轴速率”各开关选择任意速率值。通常选择 100%；

（4）按下“程序开”按钮，开始自动运行，按钮指示灯亮起。当自动运行结束后，“程序开”按钮指示灯熄灭。

2. MDI 运行

在该模式下，设定显示装置的 MDI 程序编辑画面中的程序，执行自动运行。MDI 运行的操作与记忆模式运行相同，即

（1）在设定显示装置的 MDI 程序编辑画面中设定数据；

（2）通过“模式选择”开关选择 MDI 模式；

（3）随后的操作与记忆模式运行相同。

6.2.3　机床的急停

机床无论在那种状态下，只要有不正常情况，需要紧急停止的，都可以通过以下一种操作来实现：

1. 按下“紧急停止”（EMERG STOP）按钮

此时除润滑油泵外，机床的动作和功能均被停止，同时 CRT 显示屏上出现数控系统未准备好（NOT　READY）报警信号。

2. 按下复位键（RESET）

机床在自动运行过程中，按下此键则机床全部操作均停止。

3. 按下“自动断电”按钮

按下该按钮，机床也停止工作。

6.3　配备 MITSUBISHI M80 数控系统的加工中心操作介绍

图 6-11 是威诺斯汉 VMC-650 立式加工中心，机床带有刀库和自动换刀机械手，采用 MITSUBISHI M80V 数控系统，主驱动和进给驱动全部采用数字式 AC 伺服系统控制。X、Y、Z 是三个数控轴。机床的主要技术参数见表 6-10。下面以该加工中心为例，介绍相关的操作方法。

表 6-10　威诺斯汉 VMC-650 立式加工中心技术参数

项　目	单　位	数　值
X 轴行程	mm	650
Y 轴行程	mm	560
Z 轴行程	mm	560
主轴端面至工作台面距离	mm	100 ~ 660
主轴中心至立柱导轨面距离	mm	600

（续）

项　目	单　位	数　值
工作台尺寸	mm	850 × 510
最大承重	kg	600
T 型槽宽度/数量	mm	18/3
锥度规格		BT40
主轴转速（可选配）	rpm/min	8000
主轴电动机	kW	7.5
三轴电动机（X/Y/Z）	kW	2/2/2
控制系统		日本 MITSUBISHI M80 系列
X、*Y* 轴快速移动速率	mm/min	14000
Z 轴快速移动速率	mm/min	12000
切削进给速率	mm/min	0 ~ 8000
定位精度	mm	JIS ±0.008/300
重复定位精度	mm	JIS ±0.005/300
气压	kgf/cm^2	≥6
刀库容量（选装）	把	16/20/24
机器重量	T	5
机器尺寸（长 × 宽 × 高）	mm	2400 × 2200 × 2300

6.3.1　机床准备

1. 激活机床

检查急停按钮是否松开，然后单击“电源开”（LIGHT ON）按钮打开电源。

2. 机床回参考点

系统起动后，机床首先要进行回参考点操作。步骤如下：

（1）将“模式选择”开关（MODE）调到回参考点模式（ZERO　RETURN）；

（2）确认 *Z*、*X*、*Y* 轴远离参考点后，分别按“+Z、+X、+Y”键，若 *Z*、*X*、*Y* 轴离参考点较近，执行回参考点操作时易发生超程报警；

图 6-11　威诺斯汉 VMC-650 立式加工中心

（3）先让 *Z* 轴回参考点，然后是 *X*、*Y* 轴。这是为了避免损坏刀具。

6.3.2　对刀

对刀操作的目的主要有以下几点：第一是使刀具上的刀位点与对刀点重合；第二是建立编程原点与机床参考点之间的某种联系；第三是通过数控代码指令确定刀位点与工件坐标系位置。其中刀位点是刀具上的一个基准点（车刀的刀位点为刀尖，平头立铣刀的刀位点为端面中心，球头刀的刀位点通常为球心），刀位点相对运动的轨迹就是编程轨迹，而对刀点就是加工零件时，刀具上的刀位点相对于工件运动的起点。一般来说，对刀点应选在工件坐标系的原点上，这样有利于保证对刀精度，也可以将对刀点或对刀基准设在夹具定位元件上，这样有利于零件的批量加工。

在数控立式铣加工中心加工操作中，对刀的方法比较多，这里介绍常用的几种对刀操作方法。

1. *X*、*Y* 轴对刀

X、*Y* 轴对刀一般常用两种办法，一是使用找正器等对刀工具来对刀，一是用加工刀具直接试切对刀。前者是采用基准工具对刀，刀具不与工件直接接触，适合来料经过粗加工或精加工的毛坯件和对已加工过的工件进行修复；后者是和来料为没有经过加工的毛坯件。下面分别介绍这两种对刀方法。

（1）寻边器对刀

寻边器对刀精度较高，操作简便、直观、应用广泛。*X*、*Y* 轴常用的寻边器有标准验棒（结构简单、成本低、校正精度不高）、机械寻边器（精度高、无需维护、成本适中）、光电式找正器（精度高、需维护、成本较高、主轴不旋转）等。无论哪种寻边器，它的找正原理是相同的，即利用找正器确定主轴的中心及刀尖与找正边的关系。采用寻边器对刀要求定位基准面应有较好的表面粗糙度和直线度，确保对刀精度。在实际加工过程中考虑到成本和加工精度问题，一般选用机械寻边器来进行对刀找正。

机械式寻边器：又称为分中棒或找正器，又分为偏心式寻边器等类型，使用时需要旋转使用，测量 *X*、*Y* 精度在 0.01mm。机械偏心式寻边器如图 6-12 所示，机械偏心式寻边器由夹持端和测量端两部分组成。夹持端由刀具夹头夹持在机床主轴上，中心线与主轴轴线重合。寻边器的对刀原理是：在测量时，主轴旋转，通过手动方式，使寻边器向工件基准面移动靠近，让测量端接触基准面。在测量端未接触工件时，夹持端与测量端的中心线不重合，两者呈偏心状态。当测量端与工件接触后，偏心距减小，这时使用点动方式或手轮方式微调进给，寻边器继续向工件移动，偏心距逐渐减小。当测量端和夹持端的中心线重合的瞬间，测量端会明显的偏出，出现明显的偏心状态。这时，主轴中心位置距离工件基准面的距离等于测量端的半径。

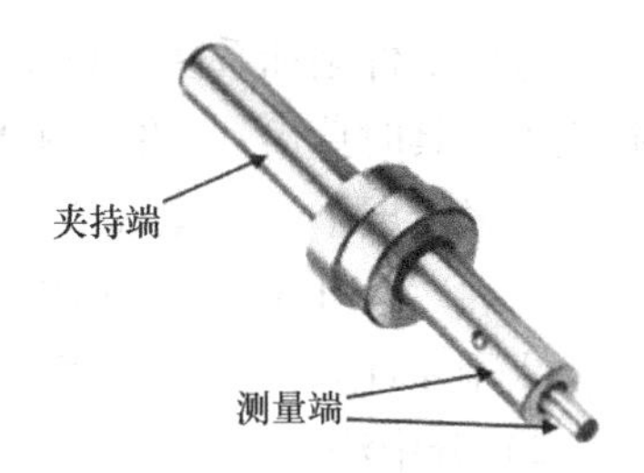

图 6-12　机械偏心式寻边器

X、*Y* 轴常用的找正器有标准验棒，偏心式找正器、光电式找正器、百分表及表架等，辅助工具有塞尺等。*Z* 轴对刀使用工具有刀具长度测量仪，*Z* 轴对刀仪、量块、塞尺等。

无论使用何种找正工具，它的找正原理是相同的，都是利用找正器来确定主轴的中心及刀尖与找正边的关系

使用偏心式找正器进行 *X*、*Y* 轴对刀的方法：

分中法，这种方法适用于程序原点在对称中心的工件。

①在刀柄上安装找正器，并将刀柄装入主轴，在 MDI 下运转主轴，转速为 500r/min；②快速移动各轴，逐渐靠近工件，将找正器的测量部分靠近工件 *X* 的正向表面，主轴沿 *X* 的负方向逐渐移动，使用手轮微量。

1）单边推算法

当工件原点在工件的某角（两棱边交汇处），如果两个侧面为精基准，可以采用单边推算法。其对刀的步骤如下：

①装夹工件，将机械寻边器装上主轴；

②在“MDI 模式”（MDI）下输入以下指令：M03　S800；

③运行该指令，使寻边器旋转起来，转数为 800r/min（寻边器转数不能太快）；

④进入“手轮模式”（HANDLE），把屏幕切换到机械坐标显示状态；

⑤选择 X 轴方向，利用手轮操作寻边器靠近工件 X 轴负向表面（操作者的左侧），小幅度进给，直到寻边器测量端突然大幅度偏移，如图 6-13 所示，此时寻边器与工件正好接触；

a)

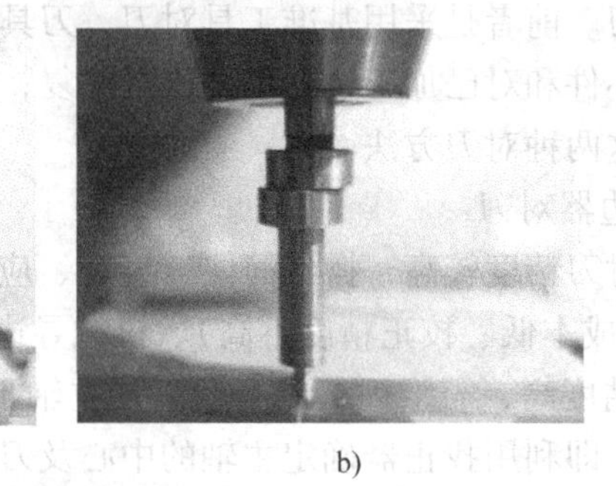

b)

图 6-13　机械寻边器测量端接触工件

a）接触工件　b）出现偏移

⑥将工件坐标系原点到 X 方向基准边的距离记为 X_1；将基准工具直径记为 X_2（可在选择基准工具时读出），将 $X_1+X_2/2$ 记为 DX；

⑦显示屏上的 X 坐标值记为 X_3，用 X_3-DX，通过计算得到工件坐标系原点 X 的坐标；

⑧在“MDI 模式”（MDI）下，进入“SETUP”，输入 G54 或 G55 指令，在 X 对应的栏内输入刚才计算得到的 X 值，点击“INPUT”，X 坐标值就被输入到工件坐标系中并保存。

2）分中法

当工件原点在工件中心时通常采用对称分中法进行对刀。即测到 X_1 值后，使机械寻边器运行至工件 X 轴正向表面（操作者右侧），以同样方法，测量记录 X_2，计算 $(X_1+X_2)/2$ 的值，并输入到相应的工件偏置坐标系中，如图 6-14 所示。

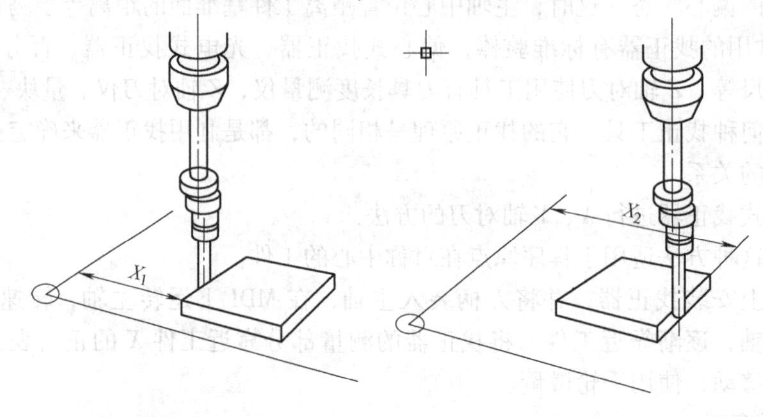

图 6-14　对称中分法进行对刀

找 Y 轴坐标，方法与 X 轴对刀方法相同。完成 X、Y 方向对刀后，需要提升主轴，拆除寻边器。

（2）试切法

试切法对刀方法简单，但会在工件上留下痕迹，对刀精度较低，适用于零件粗加工时的对刀。其对刀方法与机械寻边器相同。其操作步骤为

1）首先选择“手轮模式”（HANDLE），通过手持单元将刀具移至工件附近；

2）然后使主轴旋转，将 X 轴作为当前进给轴切削工件；

3）当切削声刚响起时停止，使铣刀将工件端面切削小部分；

4）此时显示的 X 轴坐标值即为对刀后的 X 轴坐标，其输入方法同前。

2. Z 轴对刀

通常将工件的上表面作为工件坐标系 Z 方向的原点。当零件的上表面比较粗糙不能用做对刀精基准时，也有以虎钳或工作台为基准作为工件坐标系 Z 方向的原点，然后在 G54 或扩展坐标系中向上补正工件高度。Z 方向对刀主要有 Z 向对刀仪对刀、塞尺对刀和试切法对刀等方法。Z 轴试切法对刀与 X、Y 轴相同，这里主要介绍前面两种。

（1）对刀仪对刀

对刀仪分为机械对刀仪和光学对刀仪两种。机械对刀仪主要由刀尖接触传感器、摆臂及驱动装置等组成，如图 6-15a 所示。有的机床具有刀具探测功能，即通过机床上的对刀仪测头测量刀偏量。光电对刀仪是将刀具刀尖对准刀镜的十字线中心，以十字线中心为基准，得到各把刀的刀偏量，如图 6-15b 所示。

a)

b)

图 6-15　对刀仪

a）机械对刀仪　b）光电对刀仪

机械对刀仪的基本操作步骤如下：

1）对刀仪校零：用千分尺或游标卡尺压住对刀仪，直到对刀仪表盘刻度指向基准高度，此时把表盘指针拨回零位。卸掉载荷后，对刀仪表盘读数不为零，如图 6-16a 所示。

2）读取机床 Z 轴坐标值：将测量刀具慢慢接触对刀仪，使对刀仪表盘指针重新指向零位，如图 6-16b 所示，此时在操作面板上可读取机床 Z 轴坐标值。

3）读取工件 Z 轴坐标原点：在操作面板上输入机床 Z 轴坐标值与对刀仪基准高度的差值，即为工件 Z 向的坐标原点。

目前，对刀仪对刀法在 Z 轴对刀中被广泛使用。

a)　　b)

图 6-16　机械对刀仪对刀步骤

a）校零后的对刀仪　b）刀具接触对刀仪，表盘指针逐渐指向零位

（2）塞尺对刀

在没有对刀仪的情况下，可以使用辅助工具——塞尺，直接测量刀具的长度，避免损坏工件表面和主轴端面。

首先选择“手轮模式”（HANDLE），借助手持单元将机床移到大致的位置。将刀尖直接接触塞尺表面，得到此时的 Z 的坐标值，记为 Z_0。再用 Z_0 减去塞尺的厚度，就得到 Z 的坐标值。在“MDI 模式”（MDI）下，进入”SETUP”，输入 G54 或 G55 指令，在 Z 对应的栏内输入刚才计算得到的 Z 值，单击“INPUT”，Z 坐标值就被输入到工件坐标系中并保存。

塞尺对刀法目前用的较少，它可作为一种替代对刀方式。

3. 多把刀对刀

多把刀对刀一般只用于 Z 轴方向对刀。在对好第一把刀后，以其为基准，进行其余刀具的 Z 向对刀。以塞尺对刀法为例，得到后续刀具的 Z_0 值，再用（Z_0 - 塞尺的厚度），得到后续刀具的 Z 坐标。在“MDI 模式”（MDI）下，单击“SETUP”，进入“补正量”界面，输入长度尺寸，就得到了后续各把刀的刀具补正参数。

立式加工中心在选择刀具后，刀具被放置在刀架上。因此，Z 方向对刀时，首先要将所需刀具安装在主轴上，然后再进行 Z 方向对刀。

6.3.3　设定参数

1. 刀具长度补正参数设置

刀具长度补偿功能在准备功能代码中用 G43、G44、G49 来表示。长度补偿只与 Z 坐标有关，因为刀具是由主轴锥孔定位不改变，而对于 Z 坐标的零点各把刀都不相同，因为每把刀的长度都是不同的。此时，如果对不同刀具长度进行补偿，就能保证加工零点一致性和正确性。

选择“MDI 模式”（MDI），单击“SETUP”，进入“补正量”界面。如图 6-17 所示。根据前面对加工所用刀具的 Z 向对刀，得到了各刀具的长度补偿值，输入到对应的“长度尺寸”中。如果刀具的长度有磨损，则在“长度磨损”栏输入磨损补正值。刀具的“半径尺寸”值一般是铣刀在 G41、G42 命令下输入。

2. 工件坐标系补正设置

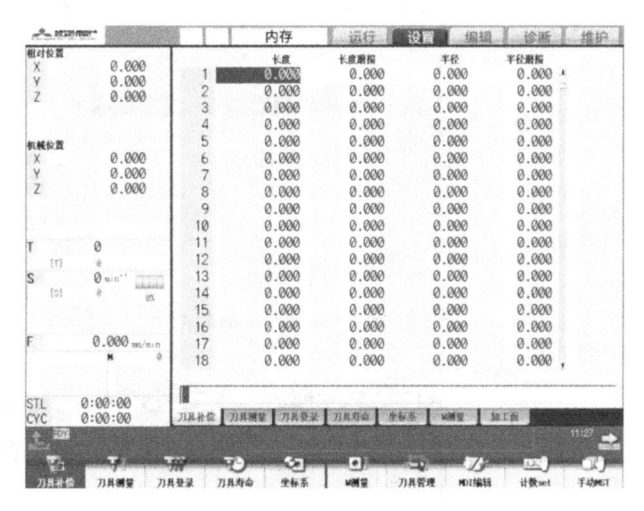

图 6-17　刀具长度补正参数设置

由于换刀引起的 X、Y 方向的偏差，无法用刀具长度补正来消除，但可以用设置工件坐标系补正的方法来补偿。此外，对于对刀或者加工过程中带来的 X、Y、Z 方向的误差，也可以通过该方法进行消除。具体操作步骤如下：

（1）在“MDI 模式”（MDI）下，单击“SETUP”，进入“坐标系”界面，此时显示屏显示界面如图 6-18 所示。

（2）在对应的坐标系下，输入要补正的工件坐标系。图中（1）表示坐标系补正，即设定工件坐标系（G54～G59）或扩展工件坐标系（G54. 1Pn）的补正量。可以选择绝对值输入模式或增量输入模式。图中（2）表示 EXT 补正，即外部工件坐标系的补正量。图中（3）表示 G92/G52 补正。

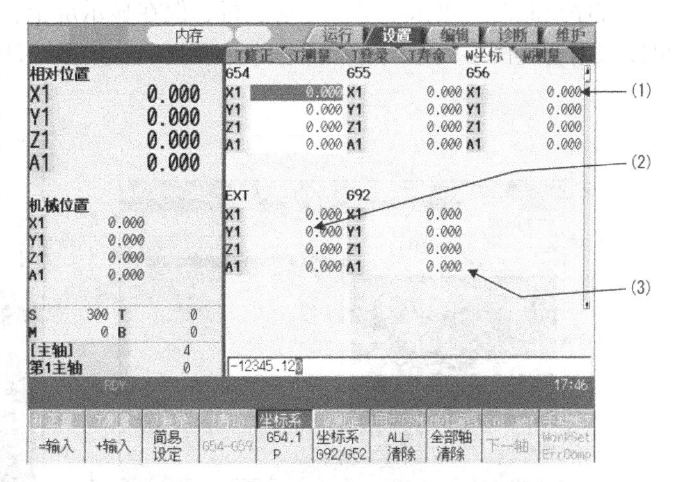

图 6-18　工件坐标系补正设置

6. 3. 4　自动加工

在“记忆模式”（MEM　RESTART）或“MDI 模式”（MDI）下，可以进入自动加工子菜单。自动加工分为连续和单节两种模式。连续模式是指按照事先设定的程序连续进行加工；单节模式是指每次只执行一行指令，执行完成后，需要再次按下“程序启动”（CYCLE　START）按钮，再执行下一行指令。

1. 选择运行程序

选择“MONITOR”按钮，按下“搜索”键，可以进入如图 6-19 所示的程序调用界面。在此画面可以指定要自动运行的程序（程序号）及程序开始位置（顺序号、单节号），然后从内存等程序保存位置调用程序。

2. 程序校验

程序校验用于对调用的程序进行校验，并提示可能的错误。如果是以前未在机床上运行的新程序在调用后，最好先进行程序校验，正确无误后再启动自动运行。

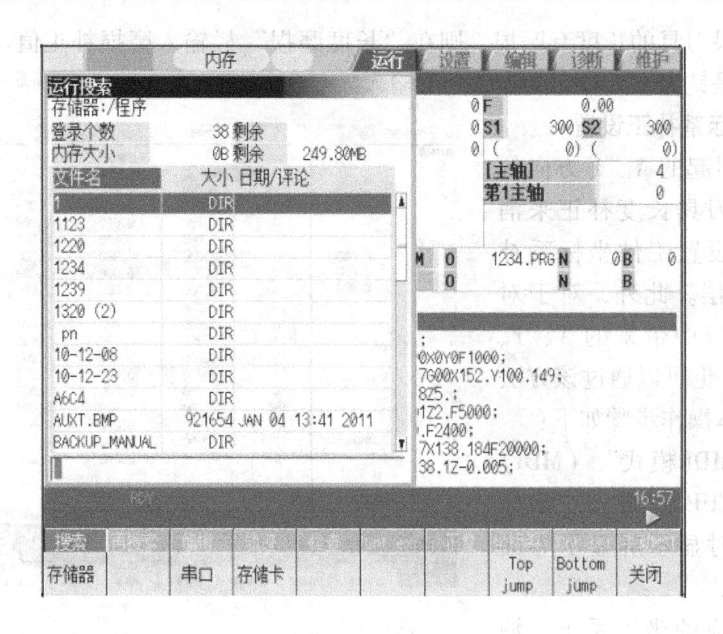

图 6-19 自动加工时程序调用画面

程序校验时，机床不执行自动运行，但在显示屏上会对加工程序的移动轨迹进行绘制，可以根据这些图形数据确认加工程序是否正确，如图 6-20 所示。

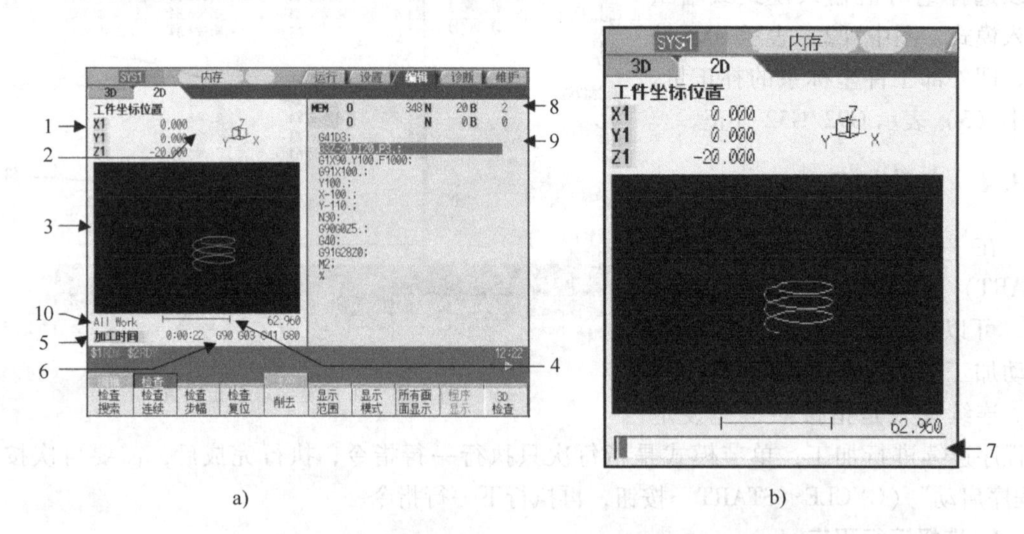

图 6-20 程序校验时加工程序的移动轨迹绘制

a）程序检验描述区域 b）程序校验显示区域

1—校验计数 2—显示模式 3—2D 描图区域 4—比例 5—加工时间显示 6—校验以 G 模态显示 7—输入区 8—当前运行的加工程序 9—缓存显示 10—描图坐标系设定显示区

程序校验的步骤如下：

(1) 单击“MONITOR”键，选择“搜索”菜单键，调入要校验的加工程序（程序号）；

（2）转入“记忆模式”（MEM　RESTART），选择程序自动运行；

（3）按下“M. S. T 锁定”和“机械空跑”键，避免机床动作；

（4）按“程序启动”（CYCLE　START）按钮开始模拟执行程序；

（5）若程序正确，校验完毕后，光标将返回程序头，且程序操作界面将回到“自动”；若程序有错，命令行将提示程序的哪一行有错。

注意：校验运行时机床不动作。为确保加工程序正确无误，可以选择正常显示和全屏显示两种显示方式，如图 6-21 所示。正常显示按照选择的坐标轴显示相应的加工轨迹，全屏显示即可显示程序又可显示加工轨迹。

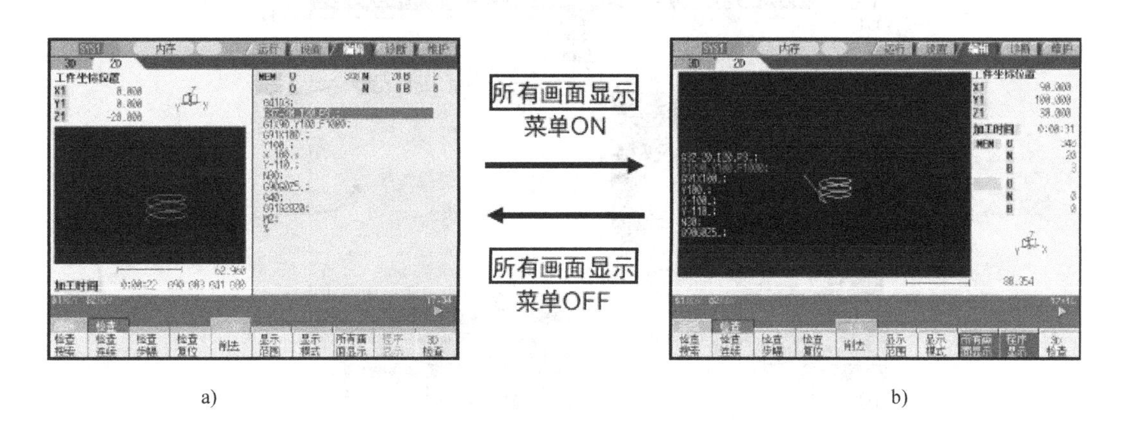

图 6-21　程序校验时的描绘区域的显示

a）正常显示　b）全屏显示

3. 启动和中止

自动运行一旦启动，系统调入零件加工程序，经校验无误后，可以正式启动运行。在“记忆模式”（MEM　RESTART）或“MDI 模式”（MDI），按一下“循环启动”键，机床开始自动运行所调入的程序。

在程序的运行过程中，若需要暂停运行，按下“程序暂停”（CYCLE　STOP）键或者把“记忆模式”（MEM　RESTART）改成“手动模式”（JOG），都可以暂停正在运行的程序。若需要再次运行，则再按一次“程序暂停”（CYCLE　STOP）键。若要中止运行，则可以选择“RESET”键。

4. 空运行

在自动方式下，按下机床控制面板上的“机械空跑”（DRY　RUN）键，CNC 处于空运行状态。在该状态下，程序中编制的进给速率被忽略，坐标轴以最大快移速度移动。空运行的目的是确认切削的路径及程序，在实际切削时该功能应被关闭，否则会造成危险。该功能对螺纹切削无效。

5. 单节运行

机床控制面板上的“单节执行”（SBK）键被按下后，系统处于单节自动运行方式，即程序控制将逐段执行。具体操作为：按一下“程序启动”（CYCLE　START）按键，运行一程序段，机床运动轴减速停止，刀具主轴电机停止运行。再按一下“程序启动”（CYCLE START）键，又开始执行下一程序段，执行完以后机床又停止，如此循环。

6.3.5　数据程序处理

1. 新建一个数控程序

1）打开“程序保护钥匙开关”（PROG PROTECTION）；

2）将“MODE”开关放置在“EDIT”模式下；

3）在系统面板上按下“EDIT”键；

4）在系统显示屏上选择“编辑”选项卡，进入如图 6-22 所示画面；

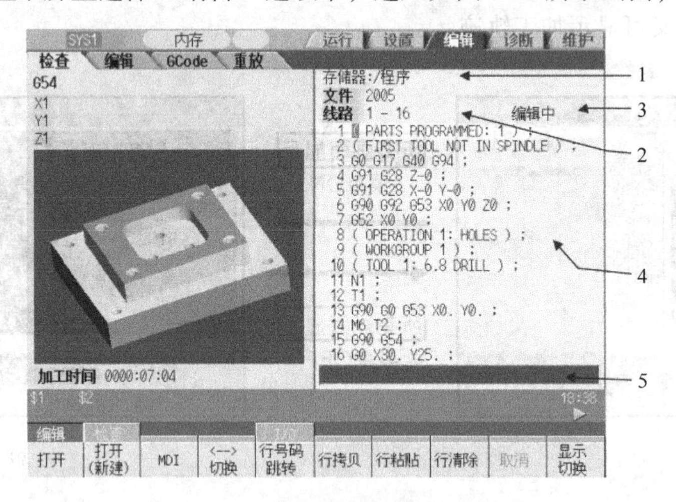

图 6-22　新建或打开数控程序界面

1—路径显示　2—程序名　3—N 编号增量显示　4—行号　5—输入区

5）选择“打开（新建）”菜单键，出现图 6-23 所示菜单；

存储器	HD		存储卡	DS	FD		开头行跳转	最终行跳转	关闭

图 6-23　选择“打开（新建）”菜单后弹出的界面

6）选择要存储的装置；

7）输入要新建的程序名，按“INPUT”键；

8）依次输入各程序段，最后按“INPUT”键，保存程序。

若要编辑已有的加工程序，则按下“打开（新建）”菜单键后，选择加工程序所保存的位置，然后根据程序号找到该程序，按下“INPUT”键，可以打开程序文件，进入编辑状态。编辑完成后，按下“INPUT”键，保存编辑好的程序。

2. 数控程序的传送

模式选择开关放置在“EDIT 模式”下，在系统面板上选择“EDIT”键。屏幕下方选择“I/O”键，进入如图 6-24 所示界面。选择所对应的传输方式即可。

3. 选择待执行的程序

选择待执行的程序文件可以按照以下的方式进行：

（1）模式选择开关放置在“记忆模式”（MEM　RESTART）下；

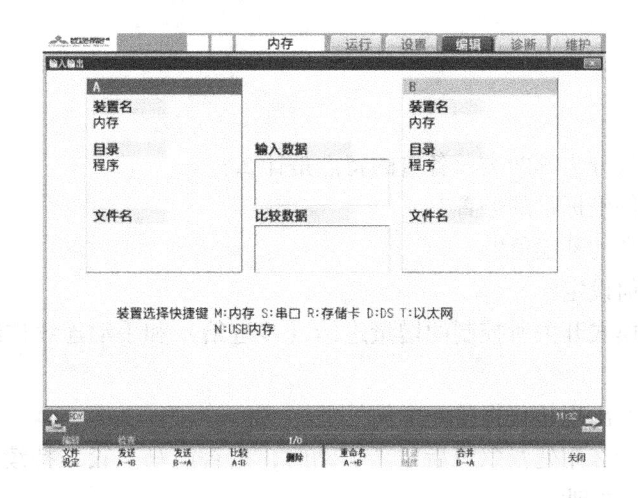

图 6-24 数控程序传送界面

（2）在系统面板上选择“MONITOR”键，显示屏进入如图 6-25 所示的画面；

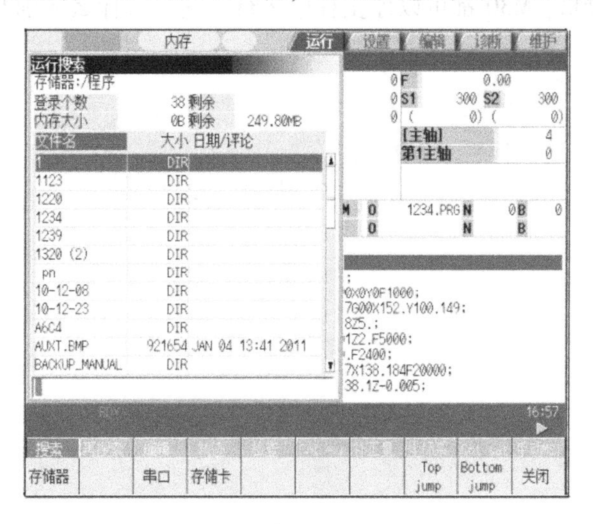

图 6-25 待执行程序界面

（3）选择文件存储的位置，再按下“搜索”按钮，寻找需要加工的程序号、顺序号、单节号等；

（4）单击“INPUT”，要执行的程序将被作为运行程序。

4. 删除程序

要删除程序时，可以按照以下步骤操作：

（1）将“MODE”开关放置在“EDIT”模式下；

（2）在系统面板上按下“EDIT”键；

（3）在系统显示屏上选择“编辑”选项卡，再选择 CRT 显示屏下方的“文件删除”菜单项；

（4）输入或把光标移到要删除的程序名，然后按“INPUT”键，即可删除指定程序。

6.4　思考题

1. 系统控制面板分为哪两类，各自的特点是什么?

2. 如何实现工件坐标系的偏置?

3. 如何设定刀具的补偿值?

4. 主轴倍率如何设定?

5. 控制面板上模式开关所控制的增量进给（步进给）和手动连续进给（点动）有什么区别?

6. 什么叫超程? 出现超程报警应如何处理?

7. 急停按钮有什么用处? 急停后重新启动时，是否能马上投入持续加工状态? 一般应进行些什么样的操作处理?

8. 面板上的“进给保持”按键有什么用处? 它和程序指令中的 M00 在应用上有什么区别?

9. M00、M01、M02、M30 都可以停止程序运行，它们有什么区别?

第 7 章 数控编程实例

7.1 数控车床编程实例

例 1：如图 7-1 所示零件图样，根据工艺要求，选择刀具并编制加工程序。

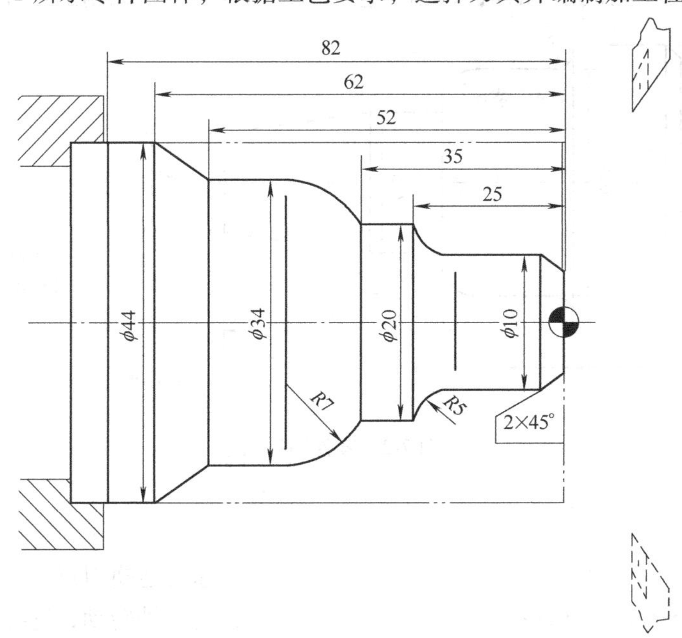

图 7-1 零件图样一

程序：

O1000

N10 G00 X80 Z80;	快速到达换刀点
N20 M03 S600 T0101;	起动主轴转动，选择外圆刀
N30 G99 G00 X46 Z2 M08;	刀具快速定位至切削起点，开冷却液
N40 G71 U2 R0.5;	外圆粗车复合循环粗车外圆
N50 G71 P60 Q160 U0.5 W0.1 F0.1;	
N60 G00 X6;	外轮廓程序段中开始程序段的顺序号
N70 G01 Z0;	
N80 G01 X10 Z-2;	
N90 G01 Z-20;	
N100 G02 X20 Z-25 R5;	
N110 G01 Z-35;	

N120　G03　X34　Z－42　R7；
N130　G01　Z－52；
N140　G01　X44　Z－62；
N150　G01　Z－82；
N160　G00　X46　Z2；　　　　外轮廓程序段中结束程序段的顺序号
N170　G70　P60　Q160　S800；　　　　精加工外圆循环
N180　G00　X80　Z80　M09；　　　　快速到达换刀点，冷却液关闭
N190　M30；　　　　程序结束并返回程序起点

例 2：如图 7-2 所示零件图样，根据工艺要求，选择刀具并编制加工程序。

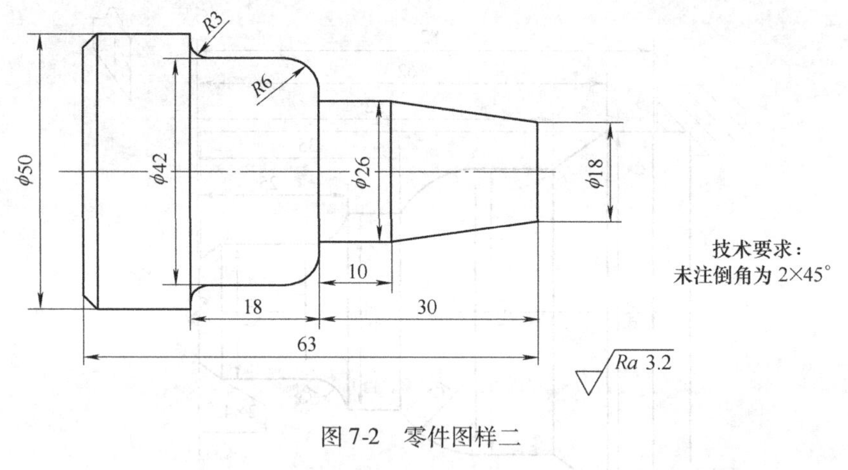

图 7-2　零件图样二

O0006
N10　G00　X80　Z80；　　　　快速到达换刀点
N20　M03　S600　T0101；　　　　起动主轴转动，选择外圆刀
N30　G99　G00　X52　Z2　M08；　　　　刀具快速定位至切削起点，开冷却液
N40　G71　U2　R0.5；　　　　外圆粗车复合循环粗车外圆
N50　G71　P60　Q160　U0.5　W0.1　F0.1；
N60　G00　X18；　　　　外轮廓程序段中开始程序段的顺序号
N70　G01　Z0；
N80　G01　X26　Z－20；
N90　G01　Z－30；
N100　G01　X30；
N110　G03　X42　Z－36　R6；
N120　G01　Z－45；
N130　G02　X48　Z－48　R3；
N140　G01　X50；
N150　G01　Z－63；
N160　G00　X52　Z2；　　　　外轮廓程序段中结束程序段的顺序号
N170　G70　P60　Q160　S800；　　　　精加工外圆循环

N180 G00 X80 Z80 M09; 快速到达换刀点，冷却液关闭

N190 M30; 程序结束并返回程序起点

例3：如图7-3所示零件图样，根据工艺要求，选择刀具并编制加工程序。

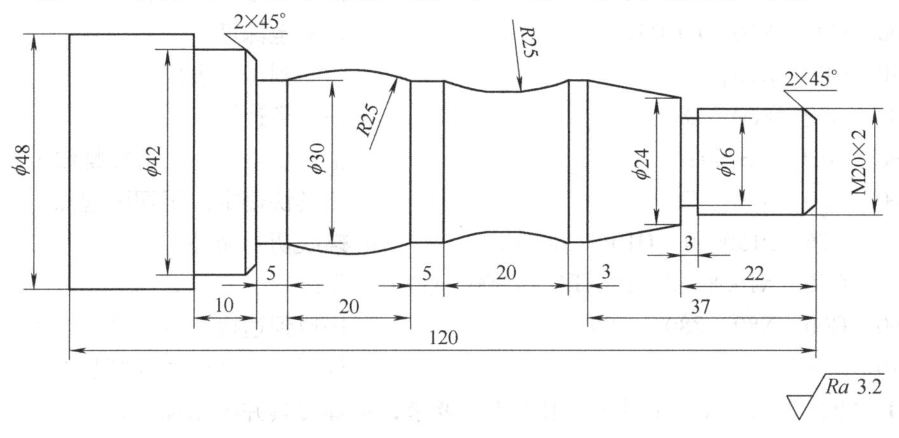

图7-3 零件图样三

O0006

N05 G00 X80 Z80; 快速到达换刀点

N10 M03 S600 T0101; 起动主轴转动，选择外圆刀

N20 G99 G00 X50 Z2 M08; 刀具快速定位至切削起点，开冷却液

N30 G71 U2 R0.5; 外圆粗车复合循环粗车外圆

N40 G71 P50 ·Q210 U0.5 W0.1 F0.1;

N50 G00 X16; 外轮廓程序段中开始程序段的顺序号

N60 G01 Z0;

N70 G01 X20 Z-2;

N80 G01 Z-22;

N90 G01 X24;

N100 G01 X30 Z-37;

N110 G01 Z-40;

N120 G02 X30 Z-60 R25;

N130 G01 Z-65;

N140 G03 X30 Z-85 R25;

N150 G01 Z-90;

N160 G01 X38;

N170 G01 X42 Z-92;

N180 G01 Z-100;

N190 G01 X48;

N200 G01 Z-120;

N210 G00 X50 Z2; 外轮廓程序段中结束程序段的顺序号

N220 G70 P50 Q210 S800; 精加工外圆循环

N230　G00　X80　Z80；	快速到达换刀点
N240　T0202　S300；	主轴变换转速，选择切槽刀
N250　G00　X26　Z－22；	快速定位切槽位置
N260　G01　X16　F0.05；	切槽至深度
N270　G01　X26；	退刀到工件表面
N280　G00　X80　Z80；	快速到达换刀点
N290　T0303　S600；	主轴变换转速，选择螺纹刀
N300　G00　X22　Z2；	刀具快速定位至切削起点
N310　G76　P150060　Q100　R0.1；	螺纹切削循环
N320　G76　X16.8　Z－19　R0　P900　Q200　F2；	
N360　G00　X80　Z80　M09；	快速到达换刀点，冷却液关闭
N370　M30	程序结束并返回程序起点

例4：如图7-4所示零件图样，根据工艺要求，选择刀具并编制加工程序。

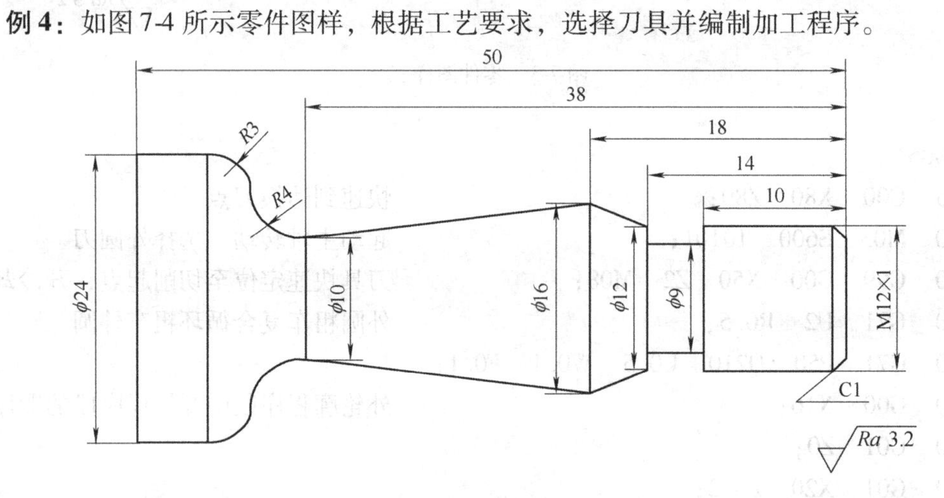

图7-4　零件图样四

O0007

N05　G00　X80　Z80；	快速到达换刀点
N10　M03　S600　T0101；	起动主轴转动，选择外圆刀
N20　G99　G00　X26　Z2　M08；	刀具快速定位至切削起点，开冷却液
N30　G73　U7　W0　R6；	外轮廓成型复合循环粗车外圆
N40　G73　P50　Q140　U0.5　W0.1　F0.1；	
N50　G00　X10；	外轮廓程序段中开始程序段的顺序号
N60　G01　Z0；	
N70　G01　X12　Z－1；	
N80　G01　Z－14；	
N90　G01　X16　Z－18；	
N100　G01　X10　Z－38；	
N110　G02　X18　Z－42　R4；	

N120　G03　X24　Z－45　R3；
N130　G01　Z－53；
N140　G00　X26　Z2；　　外轮廓程序段中结束程序段的顺序号
N150　G70　P50　Q140　S800；　　精加工外圆循环
N160　G00　X80　Z80；　　快速到达换刀点
N170　T0202　S300；　　主轴变换转速，选择切槽刀
N180　G00　X14　Z－14；　　快速定位切槽位置
N190　G01　X9　F0.05；　　切槽至深度
N200　G01　X14；　　退刀到工件表面
N201　G01　Z－13；　　移动 *Z* 轴方向
N202　G01　X9；　　切槽至深度
N203　G01　X14；　　退刀到工件表面
N210　G00　X80　Z80；　　快速到达换刀点
N220　T0303　S600；　　主轴变换转速，选择螺纹刀
N230　G00　X14　Z2；　　刀具快速定位至切削起点
N240　G76　P080060　Q100　R0.05；　　螺纹切削循环
N250　G76　X10.7　Z－12　P1300　Q200；
N260　G00　X80　Z80；　　快速定位至换刀点
N320　M30；　　程序结束并返回程序起点

例 5：如图 7-5 所示零件图样，根据工艺要求，选择刀具并编制加工程序。

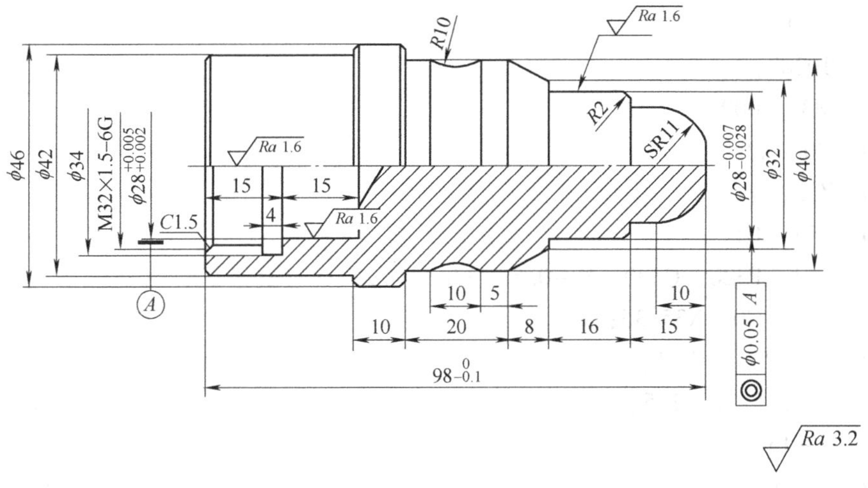

图 7-5　零件图样五

O0101；（T1 外圆刀 T2 镗孔刀 T3 内切槽刀 T4 内螺纹刀）
N10　G00　X80　Z80
N20　T0101；
N30　M3　S800；
N40　G0　X55.　Z5.；

```
N50   G71   U1.   R1. ;
N60   G71   P70   Q150   U0. 5   W0   F0. 2;
N70   G42   G0   X38. ;
N80   G1   Z1.   F0. 1;
N90   X42.   Z-1. ;
N100   Z-29. ;
N110   X44. ;
N120   X46.   Z-30. ;
N130   W-12. ;
N140   X52. ;
N150   G40   G01   X55. ;
N160   G00   X100.   Z100. ;
N170   M05;
N180   M00;
N190   T0101;
N200   M3   S1000;
N210   G0   X55.   Z5. ;
N220   G70   P10   Q20;
N230   G00   X100.   Z150. ;
N240   M05;
N250   M00;
N260   T0202;
N270   M3   S600;
N280   G0   X24. ;
N290   Z5. ;
N300   G71   U1.   R1. ;
N310   G71   P320   Q390   U-0. 5   W0   F0. 2;
N320   G41   G0   X35. 35;
N330   G1   Z1.   F0. 1;
N340   X30. 35   Z-1. 5;
N350   Z-15. ;
N360   X28. 038;
N370   Z-30. ;
N380   X24. ;
N390   G40;
N400   G00   Z100. ;
N410   M05;
N420   M00;
N430   T0202;
```

```
N440  M3  S800;
N450  G0  X24.  Z5. ;
N460  G70  P320  Q390;
N470  G00  Z150. ;
N480  M05;
N490  M00;
N500  T0303;
N510  M3  S300;
N520  G0  X28. ;
N530  Z-15. ;
N540  G1  X34.  F0.1;
N550  G0  X28. ;
N560  Z-14. ;
N570  G1  X34.  F0.1;
N580  G01  Z-15. ;
N590  G0  X28. ;
N600  G00  Z150. ;
N610  M05;
N620  M00;
N630  T0404;
N640  M3  S800;
N650  G0  X28. ;
N660  Z5. ;
N670  G92  X30.75  Z-12.  F1.5;
N680  X31.05;
N690  X31.3;
N700  X31.6;
N710  X31.8;
N720  X32. ;
N730  X32.15;
N740  G00  Z100. ;
N750  M05;
N760  M30;
O0102;
N10  T0105;
N20  M3  S800;
N30  G0  X55.  Z5. ;
N40  G73  U20.  W0  R20;
N50  G73  P60  Q210  U0.5  W0  F0.2;
```

N60　G42　G00　X0;
N70　G1　Z1.　F0.1;
N80　G3　X22.　Z－10.　R11.;
N90　G1　Z－15.;
N100　X23.985;
N110　G3　X27.985　W－2.　R2.;
N120　G1　Z－31.;
N130　X32.;
N140　X40.　W－8.;
N150　W－5.;
N160　G2　W－10.　R10.;
N170　G1　W－5.;
N180　X44.;
N190　X48.　W－2.;
N200　X55.;
N210　G40;
N220　G00　X100.　Z100.;
N230　M05;
N240　M00;
N250　T0105;
N260　M3　S1000;
N270　G00　X55.　Z5.;
N280　G70　P60　Q210;
N290　G00　X100.　Z100.;
N300　M30;

例 6：如图 7-6 所示零件图样，根据工艺要求，选择刀具并编制加工程序。

O0901；（T1 外圆刀 T2 镗孔刀 T3 外切槽刀 T4 内螺纹刀）
N10　T0101;
N20　M3　S600;
N30　G0　X85.　Z5.;
N40　G71　U1.　R1.;
N50　G71　P60　Q140　U0.5　W0　F0.2;
N60　N1　G42　G0　X56.;
N70　G1　Z1.　F0.1;
N80　X60.　Z－1.;
N90　Z－12.;
N100　X74.;
N110　X76.　W－1.;
N120　W－6.;

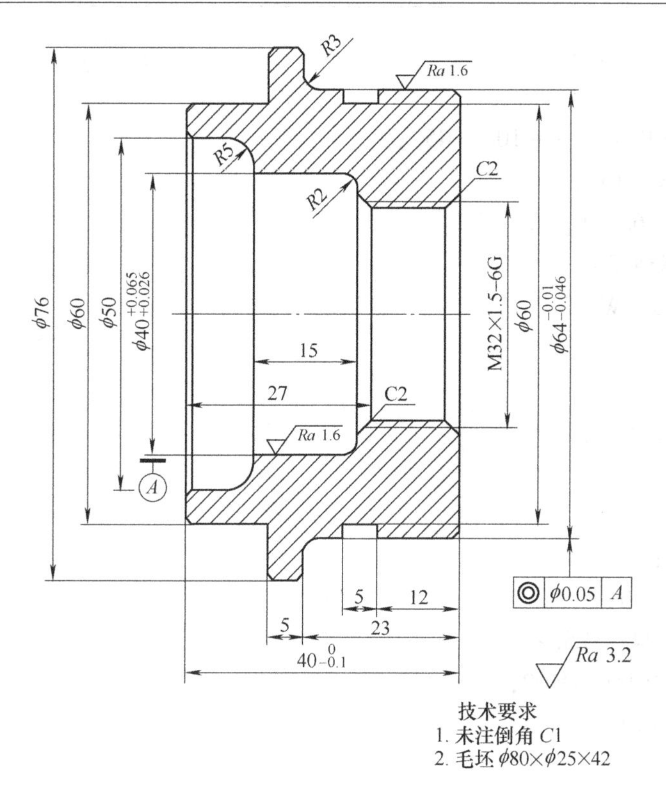

图7-6 零件图样六

```
N130  X82. ;
N140  G40;
N150  G00  X100.  Z100. ;
N160  M05;
N170  M00;
N180  T0101;
N190  M3  S800;
N200  G0  X85.  Z5. ;
N210  G70  P60  Q140;
N220  G00  X100.  Z100. ;
N230  M05;
N240  M00;
N250  T0202;
N260  M3  S600;
N270  G0  X24.  Z5. ;
N280  G71  U1.  R1. ;
N290  G71  P300  Q400  U-0.5  W0  F0.2;
N300  G41  G0  X54. ;
N310  G1  Z1.  F0.1;
```

```
N320  X50.  Z-1. ;
N330  Z-5. ;
N340  G3  X40.04  Z-10.  R5. ;
N350  G1  W-13. ;
N360  G3  X36.  W-2.  R2. ;
N370  G1  X34.35;
N380  X28.35  W-3. ;
N390  X24. ;
N400  G40;
N410  G00  Z100. ;
N420  M05;
N430  M00;
N450  T0202;
N460  M3  S800;
N470  G0  X24.  Z5. ;
N480  G70  P300  Q400;
N490  G00  Z100. ;
N500  M05;
N510  M30;
O0902;
N10  T0105;
N20  M3  S600;
N30  G0  X85.  Z5. ;
N40  G71  U1.  R1. ;
N50  G71  P60  Q140  U0.5  W0  F0.2;
N60  G42  G0  X60. ;
N70  G1  Z1.  F0.1;
N80  X63.97  Z-1. ;
N90  Z-20. ;
N100  G2  X70.  W-3.  R3. ;
N110  G1  X74. ;
N120  X78.  W-2. ;
N130  X82. ;
N140  G40;
N150  G00  X100.  Z100. ;
N160  M05;
N170  M00;
N180  T0105;
N190  M3  S800;
```

```
N200 G0 X85. Z5. ;
N210 G70 P60 Q140;
N220 G00 X100. Z100. ;
N230 M05;
N240 M00;
N250 T0303;
N260 M3 S500;
N270 G0 X70. ;
N280 Z-17. ;
N290 G1 X60. F0.1;
N300 G0 X70. ;
N310 G00 Z100. ;
N320 M05;
N330 M00;
N340 T0206;
N350 M3 S600;
N360 G0 X24. Z5. ;
N370 G71 U1. R1. ;
N380 G71 P390 Q440 U-0.5 W0 F0.2;
N390 G41 G0 X36.35;
N400 G1 Z1. F0.1;
N410 X30.35 Z-2. ;
N420 Z-15. ;
N430 X24. ;
N440 G40;
N450 G00 Z100. ;
N460 M05;
N470 M00;
N480 T0206;
N490 M3 S800;
N500 G0 X24. Z5. ;
N510 G70 P390 Q440;
N520 G00 Z100. ;
N530 M05;
N550 M00;
N560 T0404;
N570 M3 S800;
N580 G0 X28. ;
N590 Z5. ;
```

N600　G92　X30. 65　Z－15.　F1. 5；
N610　X30. 95；
N620　X31. 15；
N630　X31. 35；
N640　X31. 55；
N650　X31. 75；
N660　X31. 95；
N670　X32. 05；
N680　X32. 15；
N690　G00　Z100. ；
N700　M30；

例 7：如图 7-7 所示零件图样，根据工艺要求，选择刀具并编制加工程序。

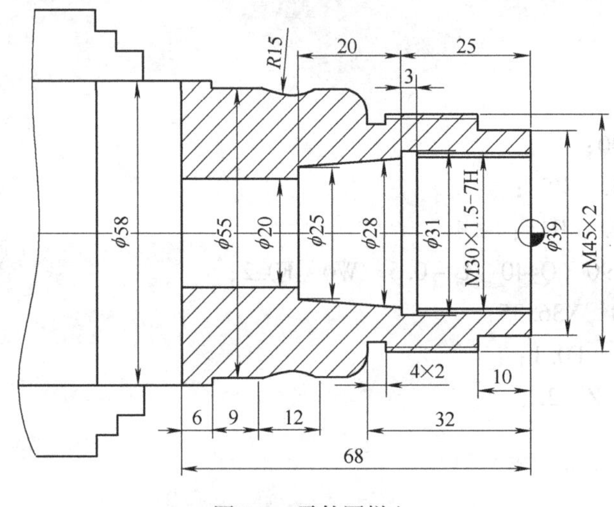

图 7-7　零件图样七

参考程序：

O0930

N10　G54　M03　S600；　　选 G54 建立坐标系，起动主轴转动
N20　G00　X100　Z120　T0101；　　刀具快速定位至换刀点，换外圆车刀
N30　G00　X62　Z4　M08；　　刀具快速定位至切削起点，开冷却液
N40　G71　U2　R1　　外圆粗车复合循环粗车外圆
N50　G71　P60　Q150　U0. 2　W0. 1　F0. 25　S800；
N60　G00　X39　Z4；　　精加工外轮廓程序段中开始程序段的顺序号
N70　G01　Z－10　F0. 15；
N80　X44. 8；
N90　Z－32；
N100　G03　X55　Z－37　R5；
N110　G01　Z－41；

```
N120  G02  Z-53  R15;
N130  G01  Z-62;
N140  X58;
N150  Z-72.5;                           精加工外轮廓程序段中结束程序段的顺序号
N160  G00  X100  Z120;
N170  T0202;                            换镗孔刀
N180  S500;                             主轴转速为500r/min
N190  G00  X12  Z3;
N200  G71  U1.5  R1;                    外圆粗车复合循环粗车内轮廓
N210  G71  P220  Q280  U-0.2  W0.1  F0.2  S600;
N220  G00  Z-68;                        精加工内轮廓程序段中开始程序段的顺序号
N230  G01  X20.01  F0.15;
N240  Z-45;
N250  X25;
N260  X28  Z-25;
N270  X28.5;
N280  Z2;                               精加工内轮廓程序段中结束程序段的顺序号
N290  S800;
N300  G70  P200  Q260;                  精加工内轮廓循环
N310  G00  X100  Z120;                  快速退刀至换刀点
N320  T0303  S500;                      换内切槽刀，主轴转速为500r/min
N330  G00  X20  Z-25;
N340  G01  X31  F0.1;                   切φ31×3退刀槽
N350  X20  F0.2;
N360  G00  Z3;
N370  X100  Z120;                       快速退刀至换刀点
N380  T0404;                            换内螺纹刀
N390  G00  X25  Z3;                     快速定位至循环起点
N400  G76  P021260  Q0.2  R0.1;         复合循环切削内螺纹
N410  G76  X30  Z-23  R0  P0.974  Q0.5  F1.5  S80;
N420  G00  X100  Z120;                  快速退刀至换刀点
N430  T0202  S1000;
N440  G70  P60  Q150;                   精加工外轮廓循环
N450  G00  X100  Z120;                  快速退刀至换刀点
N460  T0505  S600;                      换外切槽刀，主轴转速为600r/min
N470  G00  X5  Z-32;
N480  G01  X41  F0.1;                   切4×2退刀槽
N490  X55  F0.2;
N500  G00  X100  Z120;                  快速退刀至换刀点
```

N510　T0606；　换外螺纹刀
N520　G76　P021260　Q0. 2　R0. 1；　复合循环切削外螺纹
N530　G76　X42. 2　Z－29　R0　P1. 299　Q0. 5　F2　S80；
N540　T0505　S600；　换切槽刀，主轴转速为600r/min
N550　G00　X62　Z－72. 5；
N560　G01　X0　F0. 1；　切断
N670　G00　X100　Z120　M09；　快速退刀至换刀点，关闭冷却液
N580　M05；　主轴停
N590　M30；　程序结束并返回程序起点

7. 2　数控铣床编程实例

例1：如图7-8所示零件图样，根据工艺要求，选择刀具并编制加工程序。

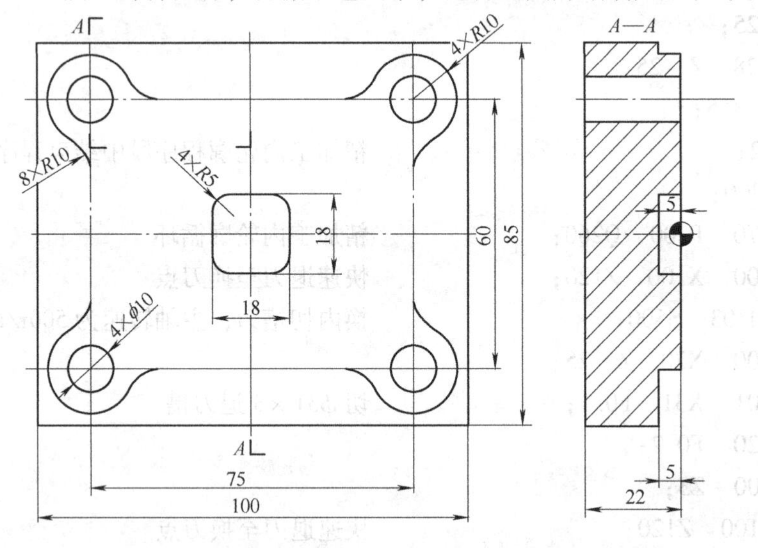

图7-8　零件图样一

参考程序：
O0100；
N100　G21；　采用公制单位编程
N102　G0　G17　G40　G49　G80　G90；　机床初始化
N104　T1　M6；　换第一把刀
N106　G0　G90　G54　X18.　Y－66.　S1000　M3；　绝对坐标编程，调用工件坐标系
N108　G43　H1　Z100.　M8；　启用刀具长度补偿，冷却液开
N110　Z10.；　进给下刀位置
N112　G1　Z－5.　F120.；
N114　G41　D1　Y－48.　F200.；　启用刀具半径左补偿
N116　G3　X0.　Y－30.　R18.；　采用圆弧进刀切入

```
N118  G1  X-20.179;
N120  G3  X-28.84  Y-35.  R10.;
N122  G2  X-46.16  Y-25.  R10.;
N124  X-42.5  Y-21.34  R10.;
N126  G3  X-37.5  Y-12.679  R10.;
N128  G1  Y12.679;
N130  G3  X-42.5  Y21.34  R10.;
N132  G2  X-32.5  Y38.66  R10.;
N134  X-28.84  Y35.  R10.;
N136  G3  X-20.179  Y30.  R10.;
N138  G1  X20.179;
N140  G3  X28.84  Y35.  R10.;
N142  G2  X46.16  Y25.  R10.;
N144  X42.5  Y21.34  R10.;
N146  G3  X37.5  Y12.679  R10.;
N148  G1  Y-12.679;
N150  G3  X42.5  Y-21.34  R10.;
N152  G2  X32.5  Y-38.66  R10.;
N154  X28.84  Y-35.  R10.;
N156  G3  X20.179  Y-30.  R10.;
N158  G1  X0.;
N160  G3  X-18.  Y-48.  R18.;                采用圆弧退出
N162  G1  Z2.  F300.;
N164  G0  Z100.;                             退回安全高度
N166  G1  G40  Y-66.  F200.;                 取消刀具半径补偿
N168  M5;
N170  G91  G0  G28  Z0.  M9;
N172  G28  X0.  Y0.;
N174  M01;
N176  T2  M6;                                换第二把刀
N178  G0  G90  G54  X.75  Y0.  S1600  M3;
N180  G43  H2  Z100.  M8;
N182  Z10.;
N184  G1  Z-5.  F200.;
N186  G3  X-3.75  R2.25;
N188  X-1.204  Y-4.5  R5.25;
N190  G1  X4.;
N192  G3  X4.5  Y-4.  R.5;
N194  G1  Y4.;
```

```
N196  G3  X4.  Y4.5  R.5;
N198  G1  X-4.;
N200  G3  X-4.5  Y4.  R.5;
N202  G1  Y-4.;
N204  G3  X-4.  Y-4.5  R.5;
N206  G1  X-1.204;
N208  Z5.  F300.;
N210  G0  Z50.;            快速提刀至参考高度；（N182～N210 为矩形槽粗加工程序）
N212  X0.  Y-1.;
N214  Z10.;
N216  G1  Z-5.  F200.;
N218  G41  D2  X-8.;                        启用刀具半径左补偿
N220  G3  X0.  Y-9.  R8.;                   采用圆弧切入
N222  G1  X4.;
N224  G3  X9.  Y-4.  R5.;
N226  G1  Y4.;
N228  G3  X4.  Y9.  R5.;
N230  G1  X-4.;
N232  G3  X-9.  Y4.  R5.;
N234  G1  Y-4.;
N236  G3  X-4.  Y-9.  R5.;
N238  G1  X0.;
N240  G3  X8.  Y-1.  R8.;
N242  G1  Z5.  F300.;
N244  G0  Z100.;
N246  G1  G40  X0.  F200.;
N248  Z5.  F300.;
N250  G0  Z100.;
N252  M5;
N254  G91  G28  Z0.  M9;
N256  G28  X0.  Y0.;
N258  M01;
N260  T3  M6;                               换第三把刀
N262  G0  G90  G54  X-37.5  Y30.  S1000  M3;
N264  G43  H3  Z100.  M8;
N266  G98  G81  Z-1.  R10.  F300.;
N268  X37.5;
N270  Y-30.;
N272  X-37.5;
```

N274　G80;
N276　M5;
N278　G91　G28　Z0.　M9;
N280　G28　X0.　Y0.;
N282　M01;
N284　T4　M6;　　换第四把刀
N286　G0　G90　G54　X-37.5　Y30.　S1000　M3;
N288　G43　H4　Z100.　M8;
N290　G98　G81　Z-25.　R10.　F200.;
N292　X37.5;
N294　Y-30.;
N296　X-37.5;
N298　G80;
N300　M5;　　主轴停止
N302　G91　G28　Z0.　M9;　　机床 Z 轴从当前位置返回到参考点，关冷却液
N304　G28　X0.　Y0.;　　机床 X，Y 轴从当前位置返回到参考点
N306　M30;　　程序结束，返回程序开始

例 2：如图 7-9 所示零件图样，根据工艺要求，选择刀具并编制加工程序。

参考程序：

O0001;　　主程序
M6　T1;　　调用用 ϕ16 * 100 平底刀
G54　G17　G90;　　调用 G54 坐标系、G17 平面、绝对方式
M3　S1000;　　主轴以 1000r/min 正转
G00　Z50.;　　定位安全高度
M98　P2;　　调用 2 号子程序加工右侧
G51.1　X0;　　往第二象限镜像
M98　P2;　　调用 2 号子程序加工左侧
G50.1　X0　Y0;　　取消镜像
G00　Z100.;　　主轴抬高
M05;　　主轴停转
M00;　　程序暂停
N2;
M06　T2;　　调用 ϕ10 * 110 平底刀
G55　G17　G90;　　调用 G55 坐标系、G17 平面、绝对方式
M3　S1000;
G00　Z50.;
M98　P3;　　调用 3 号子程序加工第一象限轮廓
G51.1　X0;　　往第二象限镜像

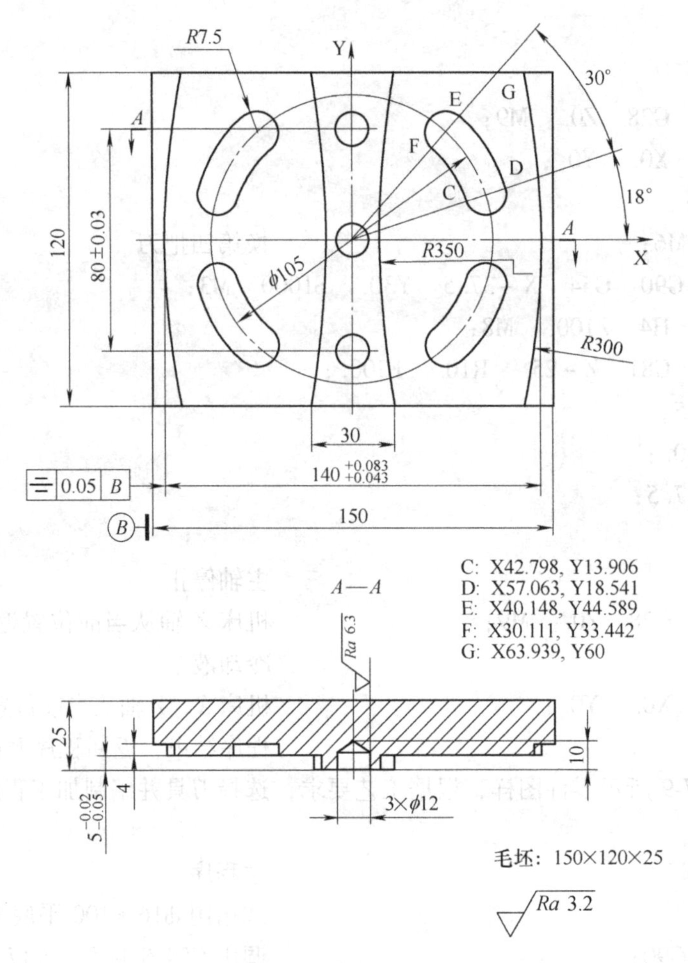

图 7-9 零件图样二

```
M98  P3;                调用 3 号子程序加工第二象限轮廓
G51.1  Y0;              往第三象限镜像
M98  P3;                调用 3 号子程序加工第三象限轮廓
G50.1  X0  Y0           取消镜像
G51.1  Y0;              往第四象限镜像
M98  P3;                调用 3 号子程序加工第四象限轮廓
G50.1  X0  Y0;          取消镜像
G00  Z100.;
M05;
M00;
N3;
M06  T3;                调用 φ8 * 100 钻头
G54  G17  G90;          调用 G54 坐标系 G17 平面、绝对方式
M3  S1000;
G00  Z50.;
```

```
G81  X0  Y40.  Z-10.  R5.  F30.;              钻孔循环
Y0;
Y-40.;
G80;                                           取消钻孔循环
G00  Z100.;
M05;
M30;                                           程序结束
O0002;                                         R350、R300 轮廓子程序
G00  X25.  Y75.;                               定位下刀位置
Z5.;                                           接近毛坯表面
G01  Z-5.  F30.;                               下刀
G41  D1  G01  X15.  Y65.  F100.;               建立左刀补
Y60.;
G03  Y-60.  R350.;
G01  Y-65.;
G40  G01  X25.;                                取消刀补
Y60.;----
X40.;|
Y-60.;|
X55.;|---                                      编程去除多余毛坯
Y60.;|
X70.;|
Y-75.;---
G01  Z-9.  F30.;                               下刀
G42  D1  G01  X63.939  Y-65.  F100.;           建立右刀补
G01  Y-60.;
G03  Y60.  R300.;
G01  Y65.;
G40  G01  X70.  Y75.;                          取消刀补
G00  Z5.;                                      抬刀
M99;                                           子程序结束并返回主程序
O0003;                                         腰槽轮廓子程序
G00  X40.  Y33.;                               定位下刀位置
Z5.;
G01  Z-9.  F30.;                               下刀
G41  D2  G01  X40.148  Y44.589  F100.;         建立左刀补到轮廓起点
G03  X30.111  Y33.442  R7.5;
G02  X42.789  Y13.906  R45.;
G03  X57.063  Y18.541  R7.5;
```

G03　X40.148　Y44.589　R58.;

G03　X30.111　Y33.442　R7.5;

G40　G01　X40.　Y33.;　　取消刀补

G00　Z5.;

M99;　　子程序结束并返回主程序

例 3：如图 7-10 所示零件图样，根据工艺要求，选择刀具并编制加工程序。

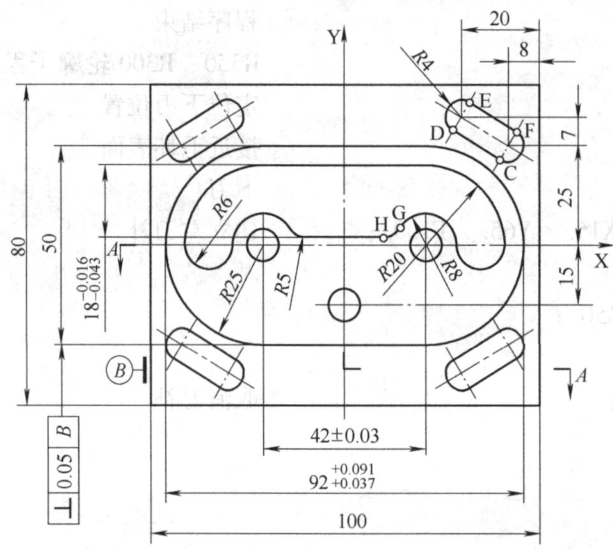

C: X39.985, Y21.545
D: X27.985, Y28.545
E: X32.015, Y35.455
F: X44.015, Y28.455
G: X14.259, Y4.308
H: X10.046, Y2

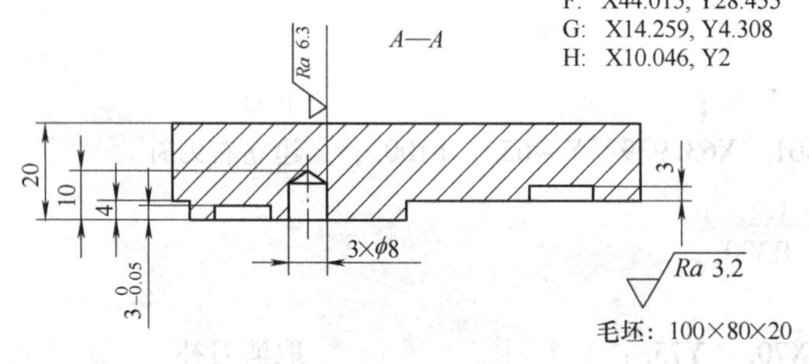

图 7-10　零件图样三

参考程序：

O0001;　　主程序

G54;

M3　S1000;

G00　Z50.;

X50.　Y40.;

Z5.;

G01　Z-4.　F30.;

```
G42   D1   G01   X30.   Y25.   F100. ;
G01   X-21. ;
G03   Y-25.   R25. ;
G01   X21. ;
G03   Y25.   R25. ;
G01   X-30. ;
G40   G01   X-50.   Y40. ;
G00   Z5. ;
M05;
M00;
N2;
(6--90);
M98   P2;
G51   X0   Y0   I-1.   J1. ;
M98   P2;
G50;
M05;
M00;
N3;
M98   P3;
G51   X0   Y0   I-1.   J1. ;
M98   P3;
G51   X0   Y0   I-1.   J-1. ;
M98   P3;
G51   X0   Y0   I1.   J-1. ;
M98   P3;
G50;
G00   Z50. ;
M05;
M00;
N4;
(8--100);
M98   P4;
M30;
%
O0002;                          子程序
G55;
M3   S1000;
G00   Z50. ;
```

```
X8.   Y10. ;
Z5. ;
G01   Z-3.   F30. ;
G01   X0   F100. ;
G42   D2   G01   X-6.   Y14.   F100. ;
G02   X0   Y20.   R6. ;
G01   X21. ;
G02   X41.   Y0   R20. ;
G02   X29.   Y0   R6. ;
G03   X14.259   Y4.308   R8. ;
G02   X10.046   Y2.   R5. ;
G01   X0;
G02   X-6.   Y8.   R6. ;
G40   G01   X0   Y12. ;
X18. ;
G00   Z5. ;
M99;
O0003;                                        子程序
G55;
M3   S1000;
G00   Z50. ;
X33.   Y30. ;
Z5. ;
G01   Z-7.   F30. ;
G41   D2   G01   X32.015   Y35.455   F100. ;
G03   X27.985   Y28.545   R4. ;
G01   X39.985   Y21.545;
G03   X44.015   Y28.455   R4. ;
G01   X32.015   Y35.455;
G03   X27.985   Y28.545   R4. ;
G40   G01   X33.   Y30. ;
G00   Z5. ;
M99;
O0004;                                        子程序
G56   G17   G90;
M3   S1000;
G00   Z50. ;
G83   X21.   Y0   Z-10.   R5.   Q5.   F30. ;
X-21. ;
```

X0　Y－15.；

G80；

G00　Z50.；

M05；

M99；

例 4：如图 7-11 所示零件图样，根据工艺要求，选择刀具并编制加工程序。

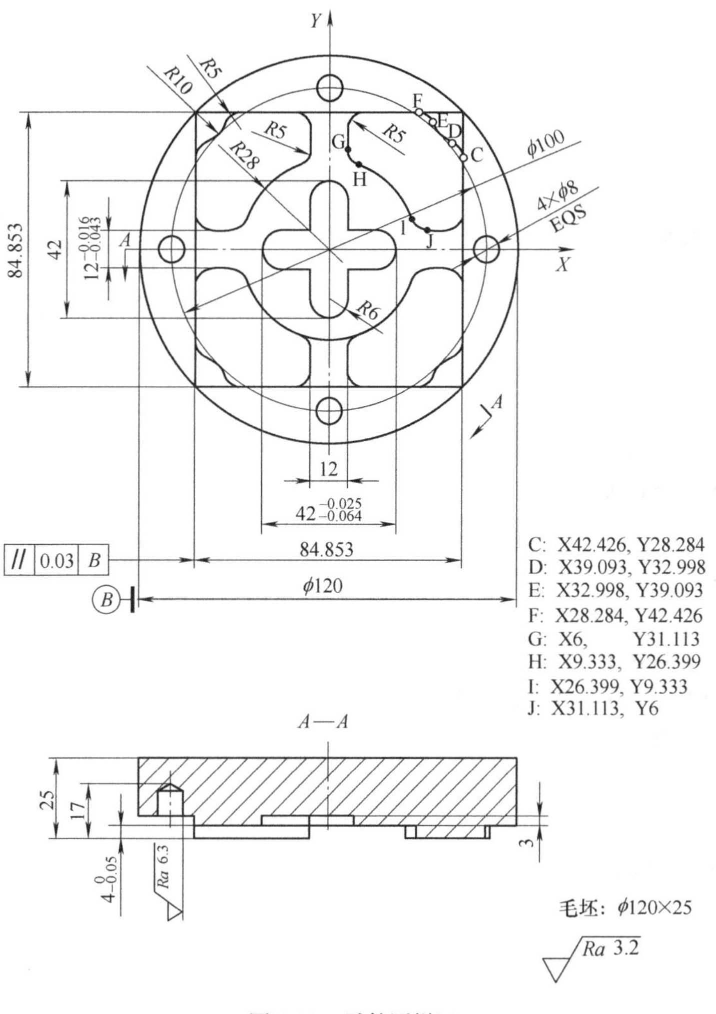

图 7-11　零件图样四

参考程序：

O0001；　　主程序

G54　G17　G90；

M06　T1　　调用直径 10 的铣刀

M3　S1000；

G00　Z50.；

M98　P2；

```
G51  X0  Y0  I-1. ;
M98  P2;
G51  X0  Y0  I-1.  J-1. ;
M98  P2;
G51  X0  Y0  J-1. ;
M98  P2;
G50;
G00  Z50. ;
M05;
M00;
N2;
G54  G17  G90;
M3  S1000;
G00  Z50. ;
X0  Y16. ;
Z5. ;
G01  Z-4.  F30. ;
G03  J-16.  F100. ;
G01  Y6. ;
G03  J-6. ;
G01  Y0;
G01  Z-7.  F30. ;
G41  D1  G01  X6.  Y15.  F100. ;
G03  X-6.  R6. ;
G01  Y6. ;
X-15. ;
G03  Y-6.  R6. ;
G01  X-6. ;
Y-15. ;
G03  X6.  R6. ;
G01  Y-6. ;
X15. ;
G03  Y6.  R6. ;
G01  X6. ;
Y15. ;
G03  X-6.  R6. ;
G40  G01  X0  Y0;
G00  Z50. ;
M05;
```

```
M00;
N3;
G54   G17   G90;
M3   S1000;
G00   Z50. ;
X56.   Y56. ;
Z5. ;
G01   Z-7.   F100. ;
Y-56. ;
X-56. ;
Y56. ;
X56. ;
G41   D1   G01   X42.426   Y48.   F100. ;
Y-42.426;
X-42.426;
Y42.426;
X50. ;
G40   G01   X56.   Y56. ;
G00   Z50. ;
M05;
M00;
N4;
G55;
M06   T2                                        调用直径8的铣刀
M3   S1000;
G00   Z50. ;
G99   G81   X50.   Y0   Z-17.   R5.   F50. ;
X0   Y50. ;
X-50.   Y0;
X0   Y-50. ;
G80;
G00   Z50. ;
M30;
O0002;                                          子程序
G00   X50.   Y0;
G00   Z5. ;
G01   Z-4.   F30. ;
G42   D1   G01   X42.426   Y2.   F100. ;
G01   Y28.284;
```

```
G03  X39.093  Y32.998  R5.;
G02  X32.998  Y39.093  R10.;
G03  X28.284  Y42.426  R5.;
G01  X11.;
G03  X6.  Y37.426  R5.;
G01  Y31.113;
G03  X9.333  Y26.339  R5.;
G02  X26.339  Y9.333  R28.;
G03  X31.113  Y6.  R5.;
G01  X37.426;
G03  X42.426  Y11.  R5.;
G01  Y50.;
G40  G01  X56.  Y56.;
G00  Z5.;
M99;
```

附　录

附录 A　切削加工的基本知识

A.1　加工程序刀具代号（见表 A-1）

表 A-1　加工程序刀具代号

刀具类型	代　号	刀具类型	代　号
面铣刀	FM	粗镗孔刀	BR
端铣刀	EM	精镗铣刀	BF
中心钻	CDR	背镗孔刀	BBR
钻头	DR	倒角刀	BM. CM
丝攻（丝锥）	TAP	侧铣刀	SM

A.2　切削计算公式

1. 切削速度

$$v = (\pi D n)/1000$$

式中　D——刀具直径(mm)；

n——旋转速度(r/min)；

v——切削速度(m/min)。

2. 车床进给速率

$$v_f = n \times f$$

式中　v_f——每分钟进给量(mm/min)；

f——每转进给量(mm/r)；

n——每分钟旋转速度，即主轴转速(r/min)。

3. 铣床进给速率

$$v_f = Z \times f_z$$

式中　v_f——铣床每分钟进给量(mm/min)；

Z——铣刀的刃数；

f_z——每刃进给量(mm/r)。

4. 攻螺纹钻孔尺寸

$$d = D - P$$

式中　d——钻头直径(mm)；

D——螺纹大径(mm)；

P——螺距(mm)。

A.3 材料重量计算公式(kg)

钢板:(长×宽×厚×0.00785)÷1000
四角钢条板:厚度×厚度×0.00785
六角钢条板:直径×直径×0.0068
铝合金板:(长×宽×厚×0.0028)÷1000
CC 合金板:厚度×宽度×0.009077
长方形铝板:厚度×宽度×0.003
钛板:(长×宽×0.00454)÷1000×高
无缝钢管:外径-厚度×厚度×0.024646
圆柱钢条:直径×直径×0.00617
圆柱铜条:直径×直径×0.007
CC 合金圆柱条:直径×直径×0.00713
圆柱铝条:直径×直径×0.0023
四角铜条:厚度×厚度×0.009
四角铝条:厚度×厚度×0.003
六角铜条:直径×直径×0.0076
六角铝条:直径×直径×0.0025
长方形铜条:厚度×宽度×0.009
注:以上均为1m长的重量。

A.4 HSS 材料刀具规格对照表(见表 A-2)

表 A-2 HSS 材料刀具规格对照表

中国 GB	中国台湾 CNS	日本 JIS	美国 ASTM	德国 DIN	
9943	2904	G4403	A600	17350	
				材料号码	记号
W18Cr4V	SKH2	SKH2	T1	1.3355	S 18-0-1
W18Cr4V5Co5	SKH3	SKH3	T4	1.3255	S 18-1-2-5
W18Cr4V5Co8	SKH4	SKH4	T5	1.3265	S 18-1-2-10
W12Cr4V5Co5	SKH10	SKH10	T15	1.3202	S 12-1-4-5
W6Mo5Cr4V2	SKH51	SKH51	M2	1.3342	S 6-5-2
W6Mo5Cr4V3	SKH52	SKH52	M3-1	1.3344	S 6-5-3
—	SKH53	SKH53	M3-2	1.3344	S 6-5-3
—	SKH54	SKH54	M4	1.3344	S 6-5-3
W6Mo5Cr4V2Co5	SKH55	SKH55	—	1.3243	S 6-5-2-5
W6Mo5Cr4V2Co5	SKH56	SKH56	M36	—	
—	SKH57	SKH57	M41	1.3207	S 10-4-3-10
—	SKH58	SKH58	M7	—	—
W2Mo9Cr4VCo8	SKH59	SKH59	M42	1.3247	S 2-10-1-8

附录 B　铣削相关知识

B.1　端铣刀使用注意事项

1. 使用端铣刀时，刀柄勿夹持过长，以免刀具弯曲过大，使加工精度降低，或使刀具折断。

2. 利用铣刀侧面切削，进给量不能太大，否则会造成刀具挠曲或是侧刃钝化。

3. 刀具进给要注意顺、逆铣，背隙较大的铣床不适合使用顺铣，使用时要注意进给方向，否则易因工作台滑动导致刀具损坏。

4. 开槽铣削不能停止工件的进给，否则容易产生颤动。

5. 安装端铣刀时要确认是否锁紧。

6. 使用刻度环前要先消除间隙。

7. 重切削时要先将工作台锁紧，以免发生震动现象。

B.2　端铣刀刃数及螺旋角选择

使用端铣刀，刃数和螺旋角会影响加工成本，所以需要选择适合的刀具以降低成本，提高使用寿命。螺旋角的选择见表 B-1，刃数与切削槽的特点见表 B-2。

表 B-1　端铣刀螺旋角的选择

螺旋角种类	螺旋角角度	选用适合的螺旋角
直刃	0°	加工不会产生弯曲状，但切削纹路不佳。主要适用于成型刃(Formed)、锥刃(Taper)修整
弱螺旋刃	1°～25°	适合沟槽加工，在重式加工精度(沟槽崩溃、扭曲)时使用，与普通螺旋或强螺旋比起来，不太常用
普通螺旋刀	26°～39°	大部分的端铣刀都是此种类型，加工精度，切削波纹平衡性好。最常用切刃
强螺旋刀	40°以上	切削纹路佳，但变形大

表 B-2　刃数与切削槽的特点

端铣刀		2 刃	3 刃	4 刃
特点	优点	切屑排出性好，纵向加工容易	切屑排出性好，纵向进给容易	强度强
	缺点	强度弱	外径不容易测量	切屑排出差
用途		沟、侧面铣削、钻孔加工等	沟、侧面铣削、重铣削、精加工铣削	浅沟、侧面铣削、精加工切削

B.3　铣刀切削速度参考表(见表 B-3)

表 B-3　铣刀切削速度参考表　　(单位：m/min)

工件材料	高速钢(HSS)	钨钢(超硬合金)-粗加工	钨钢(超硬合金)-细加工
铸铁(软)	32	50～60	120～150
铸铁(硬)	24	30～60	75～100
可锻铸铁	24	30～75	50～100

（续）

工件材料	高速钢(HSS)	钨钢(超硬合金)-粗加工	钨钢(超硬合金)-细加工
钢(软)	27	30~75	150
钢(硬)	15	25	30
铝合金	150	95~300	300~1200
黄钢(软)	60	240	180
黄钢(硬)	50	150	300
青铜	50	75~150	150~240
铜	50	150~240	240~300
硬橡胶	60	240	450
纤维	40	140	200

B.4 铣刀每刃进给量(见表 B-4)

表 B-4 铣刀每刃进给量 （单位：毫米/刃或 mm/z）

工件材料		面铣刀		端铣刀		螺纹平铣刀		沟槽和侧铣刀		成型铣刀		金属开槽铣刀	
		高速钢	铸钢	高速钢	铸钢	高速钢	铸钢	高速钢	铸钢	高速钢	铸钢	高速钢	铸钢
铸铁	150~180HBW	0.4	0.5	0.2	0.25	0.32	0.4	0.23	0.3	0.13	0.15	0.10	0.13
	180~220HBW	0.32	0.4	0.18	0.2	0.25	0.32	0.18	0.25	0.1	0.13	0.08	0.1
	220~300HBW	0.28	0.3	0.15	0.15	0.20	0.25	0.15	0.18	0.08	0.1	0.08	0.08
可锻铸铁、铸铁		0.3	0.35	0.15	0.18	0.25	0.28	0.18	0.2	0.1	0.13	0.08	0.1
碳钢	快削钢(易切削结构钢)	0.3	0.4	0.15	0.2	0.25	0.32	0.18	0.18	0.23	0.13	0.08	0.1
	软钢、中钢	0.25	0.35	0.13	0.18	0.20	0.28	0.15	0.2	0.08	0.1	0.08	0.1
合金钢	退火强韧钢 180~220HBW	0.20	0.35	0.10	0.18	0.18	0.28	0.13	0.20	0.08	0.1	0.05	0.1
	退火强韧钢 220~300HBW	0.15	0.3	0.08	0.15	0.13	0.25	0.10	0.18	0.05	0.10	0.05	0.08
	退火强韧钢 300~400HBW	0.10	0.25	0.05	0.13	0.08	0.2	0.08	0.15	0.05	0.08	0.03	0.08
	不锈钢	0.15	0.25	0.08	0.13	0.13	0.20	0.10	0.15	0.05	0.08	0.05	0.08
Al-Mg 合金		0.55	0.5	0.28	0.25	0.45	0.40	0.32	0.30	0.18	0.15	0.13	0.13
黄铜、青铜	快削	0.55	0.5	0.28	0.25	0.45	0.4	0.32	0.3	0.18	0.15	0.13	0.13
	普通	0.35	0.30	0.18	0.15	0.28	0.25	0.20	0.18	0.10	0.10	0.10	0.18
	硬	0.23	0.25	0.13	0.13	0.18	0.2	0.15	0.15	0.08	0.08	0.05	0.08
铜		0.30	0.30	0.15	0.15	0.25	0.23	0.18	0.18	0.10	0.10	0.08	0.08
塑胶		0.32	0.38	0.18	0.18	0.25	0.30	0.20	0.23	0.10	0.13	0.08	0.10

B.5 HSS 二刃端铣刀切削速度表(见表 B-5)

表 B-5 HSS 二刃端铣刀切削速度表

材质	铝合金				钢			
刀具规格	旋转速度/(r/min)	切削速度/(m/min)	进给率/(mm/min)	每刃进给/(mm/z)	旋转速度/(r/min)	切削速度/(m/min)	进给率/(mm/min)	每刃进给/(mm/z)
$\phi2$	3150	20	180	0.03	2800	18	160	0.03

（续）

材质	铝合金				钢			
刀具规格	旋转速度/(r/min)	切削速度/(m/min)	进给率/(mm/min)	每刃进给/(mm/z)	旋转速度/(r/min)	切削速度/(m/min)	进给率/(mm/min)	每刃进给/(mm/z)
ϕ3	3150	30	224	0.04	2000	19	140	0.04
ϕ3.5	3150	35	224	0.04	1800	20	140	0.04
ϕ4.0	2800	35	224	0.04	1600	20	140	0.04
ϕ4.5	2800	40	250	0.04	1400	20	140	0.05
ϕ5.0	2500	39	250	0.05	1250	20	140	0.06
ϕ6.0	2240	42	250	0.06	1120	21	140	0.06
ϕ7.0	2000	44	250	0.06	1000	22	135	0.07
ϕ8.0	1800	45	250	0.07	900	23	135	0.08
ϕ9.0	1600	45	250	0.08	800	23	125	0.08
ϕ10	1400	44	250	0.09	710	22	125	0.09
ϕ11	1250	43	250	0.10	630	22	125	0.10
ϕ13	1120	46	224	0.10	560	23	112	0.10
ϕ14	1000	44	200	0.10	520	22	100	0.10
ϕ16	900	45	200	0.11	450	23	100	0.11
ϕ18	800	45	180	0.11	400	23	90	0.11
ϕ20	710	47	180	0.12	355	23	90	0.12
ϕ25	560	44	160	0.14	280	22	71	0.13
ϕ30	500	47	160	0.16	224	21	56	0.13

附录 C　钻削相关知识

C.1　公制螺纹丝锥与钻头使用选择对照表

规格	钻头标准径/mm	规格	钻头标准径/mm
M1.0×0.25	0.75	M5×0.9	4.10
M1.1×0.25	0.85	M6×1	5.00
M1.2×0.25	0.95	M7×1	6.00
M1.4×0.3	1.00	M8×1.25	6.80
M1.6×0.35	1.25	M9×1.25	7.80
M1.7×0.35	1.35	M10×1.5	8.50
M2×0.4	1.60	M12×1.75	10.30
M2.3×0.4	1.90	M14×2	12.00
M2.6×0.45	2.20	M16×2	14.00
M3×0.6	2.40	M18×2.5	15.50
M4×0.7	3.30	M20×2.5	17.50
M5×0.8	4.20	M22×2.5	19.50

（续）

规格	钻头标准径/mm	规格	钻头标准径/mm
M24 × 3	21.00	M39 × 4	35.00
M27 × 3	24.00	M42 × 4.5	37.50
M30 × 3.5	26.50	M45 × 4.5	40.50
M33 × 3.5	29.50	M48 × 5	43.00
M36 × 4	32.00		

C.2　英制标准螺纹丝锥与钻头使用选择对照表

规格	钻孔径/mm	
	硬材	软材
W1/8-40	2.65	2.60
W5/32-32	3.25	3.20
W3/16-24	3.75	3.70
W1/4-20	5.10	5.00
W5/16-18	6.60	6.50
W3/8-16	8.00	7.90
W7/16-14	9.40	9.30
W1/2-12	10.70	10.50
W9/16-12	12.30	12.00
W5/8-11	13.70	12.50
W3/4-10	16.70	13.50
W7/8-9	19.50	16.50
W1-8	22.40	19.30
W1-1/8-7	25.00	24.80
W1-1/4-7	28.30	28.00

C.3　英制管螺纹与钻头尺寸选择表（PS：平行管牙丝锥）

规格	标准径	钻孔径/mm	
		最大	最小
PS 1/16 -28	6.50	6.632	6.490
PS 1/8 -28	8.50	8.637	8.495
PS 1/4 -19	11.40	11.549	11.341
PS 3/8 -19	15.00	15.054	14.846
PS 1/2 -14	18.50	18.773	18.489
PS 3/4 -14	24.00	24.259	23.975
PS 1 -11	30.20	30.471	30.111
PS1-1/4 -11	38.80	39.132	38.772
PS1-1/2 -11	44.80	45.025	44.665
PS 2 -11	56.50	56.836	56.476

C.4　英制管螺纹与钻头尺寸选择表（PT：锥形管牙丝锥）

规格	标准径	
	使用铰刀时	不时用铰刀时
PT 1/16　-28	6.10	6.20
PT 1/8　-28	8.10	8.20
PT 1/4　-19	10.70	11.00
PT 3/8　-19	14.20	14.50
PT 1/2　-14	17.60	18.00
PT 3/4　-14	23.00	23.50
PT 1　-11	29.00	29.50
PT1-1/4　-11	37.50	38.00
PT1-1/2　-11	43.40	44.00
PS 2　-11	54.90	55.50

C.5　螺纹护套使用钻头尺寸（公制）

1*D*——表示护套的长度是直径的1倍。

1.5*D*——表示护套的长度是直径的1.5倍，其余类似。

M3-0.5：M3是螺纹直径，0.5是螺距。

公制粗牙	最小	最大	适用钻头	1*D*	1.5*D*	2*D*	2.5*D*	3*D*
M3-0.5	3.12	3.2	3.1	4	6 5/8	9 1/4	11 7/8	14 1/2
M4-0.7	4.17	4.3	4.2	3 7/8	6 3/8	8 7/8	11 3/8	13 7/8
M5-0.8	5.16	5.33	5.2	4 3/8	7 1/8	9 7/8	12 5/8	15 1/2
M6-1.0	6.25	6.42	6.3	4 1/4	7 1/8	10	12 7/8	15 3/4
M7-1.0	7.25	7.42	7.3	5 1/2	8 5/8	11 3/4	14 1/8	17 1/4
M8-1.25	8.31	8.52	8.4	4 5/8	7 3/8	10 1/4	13 1/8	16
M10-1.5	10.37	10.62	10.5	5	8	11	14	17
M12-1.75	12.43	12.73	12.5	5	8 1/4	11 3/8	14 1/2	17 3/4
M14-2.0	14.49	14.83	14.5	5 1/4	8 1/2	11 3/4	15	18 3/8
M16-2.0	16.49	16.83	16.5	6 1/8	9 7/8	13 1/2	17 1/4	21
M18-2.5	18.58	19.04	19	5 5/8	9	12 1/2	15 5/8	19
M20-2.5	20.58	21.04	21	6 3/8	10 1/8	14	17 3/8	21 1/8
M22-2.5	22.58	23.04	23	7 1/8	11 1/4	15 1/2	19	23 1/8

公制细牙	最小	最大	适用钻头	1*D*	1.5*D*	2*D*	2.5*D*	3*D*
M8-1.0	8.25	8.42	8.3	6	9 5/8	13 1/8	16 1/2	20 1/8
M10-1.0	10.25	10.42	10.3	7 7/8	12 3/8	17	21	25 1/2
M10-1.25	10.31	10.52	10.4	5 7/8	9 1/2	13 1/8	16 3/4	20 3/8
M12-1.25	12.31	12.52	12.4	7 3/8	11 5/8	16	20 1/4	24 1/2
M12-1.5	12.37	12.62	12.5	6	9 1/2	13 1/8	17	20 3/4
M14-1.5	14.37	14.62	14.5	7	11 1/8	15 3/8	20	24 1/4
M16-1.5	16.37	16.62	16.5	8 1/2	13 3/8	18 1/8	22 3/4	27 5/8
M18-1.5	18.37	18.62	18.5	9 3/4	15 1/8	20 5/8	25 7/8	31 3/8
M20-1.5	20.37	20.62	20.5	10 3/8	16 1/8	22	28 7/8	35

C.6　螺纹护套使用钻头尺寸(美英制)

美英制粗牙	最小	最大	适用钻头	1*D*	1.5*D*	2*D*	2.5*D*	3*D*
U#4-40	2.95	3.07	3	2 3/4	4 3/4	6 3/4	8 7/8	10 7/8
U#5-40	3.25	3.38	3.3	3 1/4	5 1/2	7 3/4	10	12 1/4
U#6-32	3.66	3.81	3.7	2 3/4	4 3/4	6 7/8	8 7/8	10 7/8
U#8-32	4.32	4.47	4.4	3 1/2	6	8 3/8	10 3/4	13 1/4
U#10-24	5.05	5.21	5.1	2 7/8	5	7 1/8	9 1/4	11 3/4
U1/4-20	6.63	6.78	6.7	3 3/8	5 3/4	8	10 3/8	12 3/4
U5/16-18	8.33	8.48	8.4	4	6 5/8	9 1/4	11 7/8	14 5/8
U3/8-16	9.91	10.11	10	4 3/8	7 1/4	10	12 7/8	15 3/4
U7/16-14	11.51	11.76	11.6	4 1/2	7 3/8	10 1/4	13 1/8	16 1/8
U1/2-13	13.08	13.34	13.2	4 7/8	7 7/8	11	14 1/8	17 1/8
U9/16-12	14.68	14.94	14.8	5 1/8	8 1/4	11 1/2	14 3/4	17 7/8
U5/8-11	16.59	16.84	16.7	5 1/4	8 1/2	11 3/4	15	18 3/8
U3/4-10	19.84	20.09	20	5 7/8	9 3/8	13	16 1/2	20 1/8
U7/8-9	23.01	23.27	23	6 1/4	10	13 3/4	17 1/2	21 1/4

美英制细牙	最小	最大	适用钻头	1*D*	1.5*D*	2*D*	2.5*D*	3*D*
U#8-36	4.32	4.44	4.4	3 7/8	6 1/2	9 1/8	11 5/8	14 1/4
U#10-32	4.98	5.13	5	4 1/8	6 7/8	9 1/2	12 1/4	14 7/8
U1/4-28	6.53	6.71	6.6	5	8 1/4	11 3/8	14 1/2	17 5/8
U5/16-24	8.2	8.38	8.3	5 1/2	8 7/8	12 1/4	15 5/8	19
U3/8-24	9.78	9.96	9.8	6 7/8	11	15	19 1/8	23 1/8
U7/16-20	11.43	11.63	11.5	6 5/8	10 5/8	14 5/8	18 1/2	22 1/2
U1/2-20	13.03	13.26	13.1	7 7/8	12 3/8	16 7/8	21 3/8	25 7/8
U5/8-18	16.26	16.48	16.3	9	14 1/8	19 1/4	24 1/4	29 3/8
U3/4-16	19.43	19.68	19.5	9 3/4	15 1/8	20 5/8	26	31 1/2

C.7　高速钢(HSS)钻头切削条件表

刀具直径/mm	钢				铸铁				铝			
	S/(r/min)	V/(m/min)	F_r/(mm/min)	F_b/(mm/t)	S/(r/min)	V/(m/min)	F_r/(mm/min)	F_b/(mm/t)	S/(r/min)	V/(m/min)	F_r/(mm/min)	F_b/(mm/t)
2	3150	20	126	0.02	3150	20	189	0.03	3150	20	189	0.03
3	2500	24	125	0.02	2500	24	200	0.04	3150	30	252	0.04
4	2000	25	120	0.03	2000	25	200	0.05	3150	40	315	0.05
5	1600	25	128	0.04	1600	25	192	0.06	3150	52	315	0.05
6	1250	24	125	0.05	1400	24	224	0.08	3150	59	378	0.06
8	1000	25	120	0.06	1000	25	200	0.10	2800	70	448	0.08
10	800	25	128	0.08	800	25	192	0.12	2500	79	500	0.10
12	630	24	113	0.09	630	24	151	0.12	2000	75	400	0.10
14	560	25	112	0.10	560	25	146	0.13	1800	79	369	0.11
16	500	25	110	0.11	500	25	150	0.15	1600	80	384	0.12
18	450	25	108	0.12	450	25	153	0.17	1400	79	392	0.14
20	400	25	100	0.13	400	25	160	0.20	1250	79	400	0.16
25	315	25	95	0.15	315	25	126	0.20	1000	79	400	0.20
30	280	26	84	0.15	280	26	112	0.20	800	75	320	0.20
35	224	25	67	0.15	224	25	90	0.20	710	78	284	0.20
40	200	25	60	0.15	200	25	80	0.20	630	79	252	0.20
45	180	25	54	0.15	180	25	72	0.20	560	80	224	0.20
50	160	25	48	0.15	160	25	64	0.20	500	79	200	0.20

* 注：S—回转数，V—切削速度，F_r—进给率，F_b—每刃进给。

C.8　HSS倒角刀切削基本条件表

被切削材料	切削速度/(m/min)	进给速度(mm/r)					
		4mm	6mm	10mm	16mm	25mm	30mm
低合金钢(抗拉强度 500N/mm^2，700N/mm^2， 900N/mm^2)	26~30 25~28 18~25	0.07 0.06 0.04	0.09 0.08 0.06	0.12 0.10 0.08	0.14 0.12 0.10	0.16 0.14 0.12	0.20 0.18 0.14
高合金钢(抗拉强度 900N/mm^2，1250N/mm^2， 1500N/mm^2)	12~18 6~10 2~5	0.03 / /	0.05 0.04 0.03	0.06 0.05 0.04	0.08 0.06 0.05	0.10 0.08 0.06	0.12 0.10 0.08
不锈钢、耐热钢	4~10	/	0.05	0.06	0.07	0.08	0.09
灰铸铁(硬度≤200HBW)	15~24	0.08	0.1	0.12	0.16	0.20	0.25
灰铸铁(硬度≥200HBW)	9~13	0.06	0.07	0.08	0.12	0.20	0.20
铜	38~48	0.07	0.08	0.10	0.14	0.16	0.18
黄铜	25~35	0.06	0.07	0.09	0.12	0.14	0.24
纯铝	50~90	0.10	0.12	0.14	0.18	0.22	0.26

（续）

被切削材料	切削速度/(m/min)	进给速度(mm/r)					
		4mm	6mm	10mm	16mm	25mm	30mm
铝合金	30 ~ 60	0.08	0.19	0.12	0.14	0.18	0.22
镁合金	60 ~ 130	0.10	0.13	0.16	0.20	0.24	0.28
钛合金	6 ~ 10	/	0.04	0.06	0.08	0.10	0.12
塑胶	12 ~ 14	0.04	0.06	0.08	0.10	0.12	0.16
青铜	10 ~ 24	0.08	0.10	0.12	0.14	0.16	0.18

注：镀钛(Tin-Coating)切削速度和进刀量可增加约30%。

资料提供：TITEX PLUS 德国太极牌。

C.9 钻头选择与使用切削速度参考

工件材料		切削速度/(m/min)							切削液			
		高速钢丝锥类型										
		手用丝锥	螺旋槽丝锥	刃倾角丝锥	挤压丝锥	管用丝锥	硬质合金丝锥	硬质合金挤压丝锥	非水溶性	水溶性	雾状	干性
低碳塑钢	C0.25%以下	8 ~ 13	8 ~ 13	15 ~ 25	8 ~ 13	3 ~ 6	—	—	◎	○	△	△
中碳素钢	C0.25 ~ 0.45%	7 ~ 12	7 ~ 12	10 ~ 15	7 ~ 10	3 ~ 6	—	—	◎	○	△	△
高碳素钢	C0.45%以上	6 ~ 9	6 ~ 9	8 ~ 13	5 ~ 8	2 ~ 5	—	—	◎	○	△	△
合金钢	SCM	7 ~ 12	7 ~ 12	10 ~ 15	5 ~ 8	2 ~ 5	—	—	◎	△	△	△
调质钢	25 ~ 45HRC	3 ~ 5	3 ~ 5	4 ~ 6	—	2 ~ 5	—	—	◎	△	—	—
不锈钢	SUS	4 ~ 7	5 ~ 8	8 ~ 13	5 ~ 10	3 ~ 6	—	—	◎	○	—	—
沉淀硬化不锈钢	SUS630 SUS631	3 ~ 5	3 ~ 5	4 ~ 8	—	2 ~ 5	—	—	◎	—	—	—
工具钢	SKD	6 ~ 9	6 ~ 9	7 ~ 10	—	2 ~ 5	—	—	◎	—	—	—
铸钢	SC	6 ~ 11	6 ~ 11	10 ~ 15	—	2 ~ 5	—	—	◎	○	—	—
铸铁	FC	10 ~ 15	—	—	—	2 ~ 5	15 ~ 25	—	◎	○	○	○
球墨铸铁	FCD	7 ~ 12	7 ~ 12	10 ~ 20	—	4 ~ 8	12 ~ 20	—	◎	○	○	—
铜	Cu	6 ~ 9	6 ~ 11	7 ~ 12	7 ~ 12	2 ~ 5	15 ~ 33	15 ~ 25	○	○	—	—
黄铜、黄铜铸件	Bs. BsC	10 ~ 15	10 ~ 20	15 ~ 25	7 ~ 12	5 ~ 10	23 ~ 33	23 ~ 33	○	○	○	○
青铜、青铜铸件	PB. PBC	6 ~ 11	6 ~ 11	10 ~ 20	7 ~ 12	6 ~ 11	18 ~ 33	15 ~ 25	○	○	—	—
轧制铝	Al	10 ~ 20	10 ~ 20	15 ~ 25	10 ~ 20	5 ~ 10	23 ~ 40	—	◎	○	△	—
铝合金铸件	AC. ADC	10 ~ 15	10 ~ 15	15 ~ 20	10 ~ 15	10 ~ 15	15 ~ 25	14 ~ 24	◎	○	△	—
镁合金铸件	MC	7 ~ 12	7 ~ 12	10 ~ 15	—	10 ~ 15	12 ~ 20	14 ~ 24	◎	○	○	—
锌合金铸件	ZDC	7 ~ 12	7 ~ 12	10 ~ 15	7 ~ 12	10 ~ 15	12 ~ 20	14 ~ 24	◎	○	△	—
热硬塑料	酚醛树脂 苯酚 环氧	10 ~ 20	—	—	—	5 ~ 10	15 ~ 25	21 ~ 31	—	○	○	○
热可塑性塑料	氯乙稀 尼龙 DYRACON	10 ~ 20	10 ~ 15	10 ~ 20	—	5 ~ 10	15 ~ 25	12 ~ 22	—	○	○	○

* 注：◎最适合 ○适合 △可以使用 —不能使用。

C.10　钻头直径与进刀量关系

钻头直径/mm	进给量/(mm/r)
3 以下	0.025～0.05
3～6	0.05～0.1
6～12	0.1～0.2
12～25	0.2～0.4
25 以上	0.4～0.6

*注：以上数据在主轴自动进刀钻孔时可做参考。

C.11　钻头断裂与问题克服

现象	产生原因	问题克服
孔位置度不好，中心间距一致性差	钻头装夹不好 主轴跳动过大 吃刀时产生偏差 机床精度损失 钻头定心效果不好，横刃偏心	选用质量好的刀柄和夹具，装夹时仔细测量与调整 校正主轴 提高刀具、夹具和机床的刚性，采用吃刀好的钻型，检查吃刀面的水平度 检查机床精度 重新刃磨，刃磨后精度检查
加工后孔径过大	锋角不对称 刃高差过大 钻头装夹不好 主轴跳动量过大	尖端再刃磨校正 再刃磨使刃高差缩小，精度检查 选用质量好的刀柄和夹具，装夹时仔细测量与调整 校正主轴
孔径一致性不佳	横刃偏心 刃高差过大 刃带棱面磨损过大 钻头装夹不好 主轴本身跳动量大 工件装夹不牢固 进刀速度太快 切削液供给不充足	再刃磨并削薄，精度检查 选用质量好的刀柄和夹具 校正主轴 装夹时仔细测量与调整 降低进刀速度 改变切削液供给方式，增加流量
孔直线度、垂直度不好	刀具磨损过大 锋角不对称、刃高差过大、横刃偏心 刚性不足 被切削平面不平	重新刃磨 重新刃磨校正、校正后精度检查 提高机床、夹具、钻头等刚性 检查预加工面的水平度
孔圆度不好	锋角不对称、刃高差过大、横刃偏心 钻头装夹不好 主轴本身跳动量大 工件装夹不牢固 后角过大 刚性不足	重新刃磨校正、校正后精度检查 选用质量好的刀柄和夹具 校正主轴 装夹时仔细测量与调整 重新刃磨 提高机床、夹具、钻头等刚性

（续）

现象	产生原因	问题克服
切削中振动	后角过大 钻头刚性不足	减少后角 使用刚性大的钻头 减少钻头露出部分
外圆角磨损	切削速度太快 刀刃尖形状不合适 钻头材质不合适 切削油不合适	降低切削速度 变更刀刃尖形状 选择合适钻头材质 选择合适切削油
切削中折断	后角过小 相对切削速度、进给速度过高 刚性不足 切屑阻塞 吃刀性不好 主轴跳动量大	重新刃磨校正 降低进给速度 提高机床、刀具的刚性、提高工件及夹具的刚性 重新选择钻头 采用吃刀性好的钻型 校正主轴

附录 D　铰削相关知识

D.1　铰刀加工异常原因与情况处理

状况	异常原因	处理方式
外径异常磨损	倒角过小	加大倒角
	切削速度过快	放慢切削速度
	冷却不足	充分提供冷却液
	工件过硬	改变铰刀刀刃硬度
孔径扩大	机械主轴、夹持部或铰刀偏离	检查铰刀外径，咬入部位是否偏离
	工具夹持部位损坏	铰刀柄部、套管以及承套有无损坏
	预留量过大	减少预留量
	中心未对正	确认铰刀中心与工件中心是否对正
	进给率过高	降低进给率
孔径缩小	使用大尺寸的铰刀	检查铰刀刀径
	预留量过小	增加预留量
	刀缘面宽度变大	缩小刀缘面宽度
	铰刀切刃钝化	再次研磨成型面
切削中折断	进给速度太快	降低进给速度
	切削堵塞	改变铰刀刀刃沟深度或排屑槽底部
	回转速度快	降低回转速度
	预留量过大	减少预留量

（续）

状况	异常原因	处理方式
切削中折断	切削液不足	适当增加切削液
	铰刀刀刃钝化	再研磨
	刀缘宽度过大	减少刀缘宽度
	下孔歪曲或中心未对准	确认下孔正直或中心对正
	工件过硬	确认被削材质硬度及铰刀硬度
铰刀寿命短	切削条件过快	放慢切削条件
	切削液不足	适当增加切削液
	刀具材质不对	改变铰刀材质、或镀膜处理
	刀具选择错误	由直刃式改为螺旋式
加工面不良	咬入部位及刀缘不良	适当增加切削液
	咬入部位间隙过小	加大咬入部位间隙角
	预留量是否适当	预留过多或过少都会造成加工面不良
	切削堵塞	改变铰刀刃沟及排屑沟深度
	加工件夹持不稳	加固固定工件
	切刃倾斜角成为负角	检查倾斜角
孔入口径变大	铰刀振动	改善外径及咬入部位
	加工件夹持不稳	加强固定加工件
	孔未对正铰刀中心	预先使用中心钻

D.2　铰刀的加工预留量

材质	刀径/mm				
	≤Φ 6	≤Φ 10	≤Φ 16	≤Φ 25	≥Φ 25
抗拉强度 700N/mm^2，钢材	0.1～0.2	0.2	0.2～0.3	0.3～0.4	0.4～0.5
抗拉强度 700～1000N/mm^2，钢材	0.1～0.2	0.2	0.2	0.3	0.3～0.4
铸钢	0.1～0.2	0.2	0.2	0.2～0.3	0.3～0.4
铝合金	0.1～0.2	0.2～0.3	0.3～0.4	0.4～0.5	0.5
铜	0.1～0.2	0.2～0.3	0.3～0.4	0.4～0.5	0.5
黄铜、青铜	0.1～0.2	0.2	0.2～0.3	0.3	0.3～0.4
灰铸铁	0.1～0.2	0.2	0.2～0.3	0.3～0.4	0.4～0.5
可锻铸铁	0.1～0.2	0.2	0.3	0.4	0.5
硬塑胶	0.1～0.2	0.3	0.4	0.4～0.5	0.5
软塑胶	0.1～0.2	0.2	0.2	0.3	0.3～0.5

D.3 铰刀铰削进给率

铰削进给率/(mm/r)		
铰刀直径/mm	工 件 材 料	
	钢、铸铁、可锻铸铁、青铜	铸铁、炮铜、黄铜、铝
1～5	0.3	0.5
6～10	0.3～0.4	0.5～1.0
11～15	0.3～0.4	1～1.5
16～25	0.4～0.5	1～1.5
26～40	0.5～0.6	1.5～1
41～60	0.5～0.6	1.5～2
61～100	2～3	3～4

D.4 铰削不同材质工件的刀具材料选择

工件材料	铰 刀 材 料	
	工具钢	高速钢
铸铁(软)	4～5	5～6
铸铁(中)	3～2	4～5
铸铁(硬)	2～3	3～4
低碳钢	4～5	5～6
工具钢	3～4	4～5
青铜	2～3	3～4
炮铜	10～12	12～15
黄铜	8～10	10～12
铝	6～8	8～10

数控车床工（中级）理论试卷（A卷）

一、判断题：（对的打✓，错的打×，每题2分，共30分）

(　　)1. 数控车床上使用的回转刀架是一种最简单的自动换刀装置。

(　　)2. 数控车床能加工轮廓形状特别复杂或难于控制尺寸的回转体。

(　　)3. 步进电动机在输出一个脉冲时所转过的角度称为步距角。

(　　)4. 在钢和铸铁上加工同样直径的内螺纹，钢件比铸铁的底孔直径稍大。

(　　)5. W18Cr4V是属于钨系高速钢，其磨削性能不好。

(　　)6. 按机床进给伺服系统不同的控制方式，可分为开环控制数控机床和全闭环控制数控机床。

(　　)7. 数控机床伺服系统将数控装置脉冲信号转换成机床移动部件的运动。

(　　)8. 工件以其已加工平面，在夹具的四个支承块上定位，属于四点定位。

(　　)9. 精车时为了减小工件表面粗糙度值，车刀的刃倾角应取负值。

(　　)10. 在切削铸铁等脆性材料时，切削层首先产生塑性变形，然后产生崩裂的不规则粒状切屑，称崩碎切屑。

(　　)11. 在基孔制中，轴的基本偏差从a到h用于间隙配合。

(　　)12. 偏刀车端面时，从中心向外圆进给，不会产生凹面。

(　　)13. 车外圆时，圆柱度达不到要求的原因之一是车刀材料耐磨性差而造成的。

(　　)14. 车削外圆时，机床传动链误差对加工精度无影响。

(　　)15. 英制蜗杆的牙型角为29°。

二、填空题：（每题2分，共20分）

1. 三视图的投影规律是____________、____________、________。

2. 闭环控制系统装有检测______装置，在加工中随时检测移动部件的实际位置。

3. 基孔制配合中，轴的基本偏差在a～h之间为________配合，在j～n之间基本上为________配合，在p～z之间基本上为______配合。

4. 机械间隙主要指丝杆与螺母副和齿轮副等运动副，由于内部间隙而产生运动______的现象。

5. 选择粗基准时，选用加工表面的设计基准为定位基准，称为基准的______原则。

6. 从分析零件图样到获得数控机床所需控制介质（加工程序单或数控带等）的全过程，称为__________。

7. 手工编程的常用计算方法有：做图计算法、代数计算法、平面几何计算法、____________计算法、________________________计算法。

8. 车削公制螺纹时，如螺距P＝2.5，转速为180转/分，则进给速度为____________。

9. 数控车床的种类较多，但一般均由车床主体、数控装置和____________构成。

10. ______键：手动，空运行和自动方式时，设置系统参数。

三、选择题：(将正确答案的代号填入空格内，每小题2分，共20分)

1. N4 G02 X ±4.2 Z ±4.2 I ±4.2 K ±4.2……中 X ±4.2 表示____。

A. X 的上下偏差为 ±4.2　　B. X 值为 ±4.2

C. X 的取值范围 -9999.99—9999.99　　D. X∈[-4.2, +4.2]

2. 经济型数控车床配备了____，可进行螺纹切削加工。

A. 脉冲电源　　B. 光栅电子尺

C. 定尺与滑尺　　D. 光电编码器

3. N __ G28 __ X __ Z __ F __中参数 F 为设置______。

A. 切削速度　　B. 切削进给速度

C. 快速切削速度　　D. 快速定位进给速度

4. 一般将计算机的计算器、存储器和______三者统称为主机。

A. 输出设备　　B. 输入设备

C. 控制器　　D. 总线

5. 轴类工件用双中心孔定位时，能消除______个自由度。

A. 五　　B. 四

C. 三　　D. 二

6. 钨钴钛类硬质合金主要用于加工______材料。

A. 铸铁和有色金属　　B. 碳素钢和合金钢

C. 不锈钢和高硬度钢　　D. 工具钢和淬火钢

7. 用卡盘装夹悬臂较长的轴，容易产生______误差。

A. 圆度　　B. 圆柱度

C. 同轴度　　D. 垂直度

8. 在公差带图中，一般取靠近零线的那个偏差为______。

A. 上偏差　　B. 下偏差

C. 基本偏差　　D. 极限偏差

9. 逐点比较插补法，反映刀具偏离所加工曲线情况的是______。

A. 偏差函数　　B. 被积函数

C. 积分函数　　D. 插补函数

10. 只有在______精度很高时，重复定位才允许使用。

A. 设计基准　　B. 定位基准

C. 定位元件　　D. 设计元件

四、问答题：(每小题5分，共10分)

1. 在制定机械间隙补偿方案中的编程补偿法的作用是什么？主要采用哪些方法。

2. 工艺准备工作包括哪些主要内容？为什么说分析零件图样是工艺准备的首要内容？

五、编程题：(本题20分；根据要求作答，要求字迹工整)

如图所示的零件，毛坯直径 ϕ52，毛坯长度 100mm。材料 45#中碳钢。未标注处倒角：0.5×45°。要求在数控车床上完成加工，生产批量为250件。

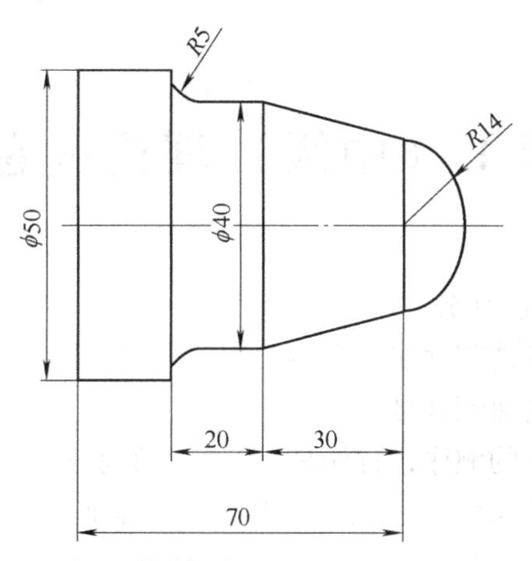

填写加工程序单，并作必要的工艺说明。

刀具	刀号	T1	T2	T3	T4
	类型				
	材料				
序号	程　　序			简　要　说　明	

数控车床工（中级）理论试卷（B卷）

一、填空(每空1分，共20分)

1. 数控机床工作台等移动部件在确定终点所达到的实际位置的精度称(　　)精度。
2. 常用作车刀材料的高速钢牌号是(　　)。
3. 粗车时选择切削用量的顺序，首先是(　　)，其次是(　　)最后是(　　)。
4. 镗孔时，要求切屑流向(　　)表面，即(　　)排屑。
5. 选用切削液时常用的切削液有(　　)和(　　)两类。
6. 选用切削液时，粗加工应选择以(　　)为主的(　　)。
7. 切削运动分(　　)和(　　)两种。车削时，车刀的移动是(　　)运动。
8. 数控机床成功地解决了(　　)批量生产，特别是形状(　　)零件的(　　)的生产问题。
9. 磨削不锈钢时，采用浓度较(　　)的乳化切削液。
10. 偏刀一般是指主偏角等于(　　)的车刀。
11. 螺纹加工中，车刀在第二次进刀时，刀尖(　　)前一次进刀车出的螺旋槽而把螺纹车乱，成为乱扣。

二、选择题(每题2分，共30分)

1. 加工零件时，将其尺寸控制到(　　)最为合理。

A. 基本尺寸　B. 最大极限尺寸　C. 最小极限尺寸　D. 平均尺寸

2. 车削中设想的3个辅助面、即切削平面、基面、主截面是相互(　　)。

A. 垂直的　B. 平行的　C. 倾斜的

3. (　　)的种类和性质会影响砂轮的硬度和强度。

A. 磨料　B. 粒度　C. 结合剂

4. 用剖切面完全剖开零件所得的剖视图成为(　　)。

A. 半剖试图　B. 局部视图　C. 全剖视图

5. (　　)是计算机机床功率，选择切削用量的主要依据。

A. 径向力　B. 轴向力　C. 主切削力

6. 数控机床适于(　　)生产。

A. 大型零件　B. 小型零件　C. 小批复杂零件　D. 高精度零件

7. 数控伺服系统的速度反馈装置在(　　)。

A. 伺服电动机上　B. 伺服电动机主轴上　C. 工作台上　D. 工作台丝杠上

8. 由于定位基准和设计基准不重合而产生的加工误差成为(　　)。

A. 基准误差　B. 位移误差　C. 不重合误差

9. 砂轮的(　　)是指结合剂粘接磨粒的牢固程度。

A. 强度　B. 粒度　C. 硬度

10. 工件自动循环中，若要跳过一条程序，编程时，应在所跳的程序段前加工(　　)。

A. \ 符号　B. G 指令　C. /符号　D. T 指令

11. 定位基准是指用来确定工件在夹具中位置的(　　)。

A. 点、线　　B. 线、面　　C. 点、线、面

12. 工件材料的强度和硬度越高，切削力就(　　)。

A. 越大　　B. 越小　　C. 一般不变

13. 可能有间隙或可能有过盈配合称为(　　)。

A. 间隙　　B. 过度　　C. 过盈

14. 开合螺母的公用是接通或断开从(　　)传递运动。

A. 光杠　　B. 主轴　　C. 丝杠

15. 标准麻花钻的顶角一般在(　　)左右。

A. 100 度　　B. 118 度　　C. 140 度

三、判断题(每题 1 分，共 16 分)

1. 数控车床的反向间隙是不能补偿的。

2. FANUC 系统中，在同一个程序段中，既可以用绝对坐标，也可以用增量坐标。

3. 组成工艺是一种按光学原理进行生产的工艺方法。

4. 每当数控装置发出一个指令脉冲信号，就使步进电动机的转子旋转一个固定角度。该角度称为步踞角。

5. 在开环控制系统中，工作台位移量与进给指令脉冲的数量成反比。

6. 伺服机构的性能决定了数控机床的精度和快速性。

7. 开环控制系统通常适用于　经济型数控机床和旧机床数控化改造。

8. 半闭环控制系统通常在机床的运动部件上直接安装位移测量装置。

9. 数控钻床和数控冲床都属于轮廓控制机床。

10. 进入自动加工状态。屏幕上显示的是加工刀具在编程坐标系中的绝对坐标值。

11. 主轴转速功能字一般用来指定主轴的转速。

12. 数控车床的进给方式分每分钟进给和每转进给两种。

13. FANUC 系统中 G32W-40F2.，其中 2 表示螺纹的导程。

14. 数控机床的滚珠丝杠具有传动效率高、精度高、无爬行的特点。

15. 编制数控程序时一般以工件坐标系为依据。

16. 数控机床所加工出的轮廓，只与所采用的程序有关、而与所选用的刀具无关。

四、名词解释(每题 4 分，共 12 分)

1. DNC

2. 刀具半径补偿

3. 硬质合金

五、简答(每题 6 分，共 12 分)

1. 列举出四种数控加工专用技术文件。

2. 数控机床的定位精度包括哪些？

六、计算题(10 分)

车削直径为 25mm，全长为 1200mm 的细长轴(材料为 45 钢)，因为受切削的影响，使工件由原来的 21°上升到 61°，求这根轴的热变形量为多少？(提示：材料的线膨胀系数为 $11.5\times10^{-6}℃^{-1}$)。

加工中心操作工中级工理论知识试题

一、判断题(第1～30题。将判断结果填入括号中。正确的填"✓"，错误的填"×"。每题1.0分。满分30分)

1. 通常在命名或编程时，不论何种机床，都一律假定工件静止刀具移动。
2. 数控机床适用于单品种，大批量的生产。
3. 一个主程序中只能有一个子程序。
4. 子程序的编写方式必须是增量方式。
5. 非模态指令只能在本程序段内有效。
6. X坐标的圆心坐标符号一般用K表示。
7. 数控铣床属于直线控制系统。
8. 宏程序的特点是可以使用变量，变量之间不能进行运算。
9. 旧机床改造的数控车床，常采用梯形螺纹丝杠作为传动副，其反向间隙需事先测量出来进行补偿。
10. 顺时针圆弧插补(G02)和逆时针圆弧插补(G03)的判别方向是：沿着不在圆弧平面内的坐标轴

正方向向负方向看去，顺时针方向为G02，逆时针方向为G03。

11. 数控机床的编程方式是绝对编程或增量编程。
12. 数控机床用恒线速度控制加工端面、锥度和圆弧时，必须限制主轴的最高转速。
13. 在切断过程中，发现铣刀因夹持不紧或铣削力过大而产生"停刀"现象时，应首先停止主轴转动，然后停止工作台进给。
14. 经试加工验证的数控加工程序就能保证零件加工合格。
15. 刀具半径补偿是一种平面补偿，而不是轴的补偿。
16. 固定循环是预先给定一系列操作，用来控制机床的位移或主轴运转。
17. 刀具补偿寄存器内只允许存入正值。
18. 数控机床的机床坐标原点和机床参考点是重合的。
19. 机床参考点在机床上是一个浮动的点。
20. 欠定位是不完全定位。
21. 为了保证工件达到图样所规定的精度和技术要求，夹具上的定位基准应与工件上设计基准、测量基准尽可能重合。
22. 为了防止工件变形，夹紧部位要与支承对应，不能在工件悬空处夹紧。
23. 在批量生产的情况下，用直接找正装夹工件比较合适。
24. 刀具切削部位材料的硬度必须大于工件材料的硬度。
25. 加工零件在数控编程时，首先应确定数控机床，然后分析加工零件的工艺特性。
26. 数控切削加工程序时一般应选用轴向进刀。
27. 因为试切法的加工精度较高，所以主要用于大批、大量生产。

28. 数控机床的反向间隙可用补偿来消除，因此对顺铣无明显影响。

29. 公差就是加工零件实际尺寸与图纸尺寸的差值。

30. 国家规定上偏差为零，下偏差为负值的配合称基轴制配合。

二、选择题(第1~30题。选择正确的答案，将相应的字母填入题内的括号中。每题1.0分。满分30分)：

1. 世界上第一台数控机床是(　　)年研制出来的。

A. 1930　B. 1947　C. 1952　D. 1958

2. 加工(　　)零件，宜采用数控加工设备。

A. 大批量　B. 多品种中小批量　C. 单件

3. 通常数控系统除了直线插补外，还有(　　)。

A. 正弦插补　B. 圆弧插补　C. 抛物线插补

4. 按照机床运动的控制轨迹分类，加工中心属于(　　)。

A. 点位控制　B. 直线控制　C. 轮廓控制　D. 远程控制

5. 只要数控机床的伺服系统是开环的，一定没有(　　)装置。

A. 检测　B. 反馈　C. 输入通道　D. 输出通道

6. 为了保证数控机床能满足不同的工艺要求，并能够获得最佳切削速度，主传动系统的要求是(　　)。

A. 无级调速　B. 变速范围宽

C. 分段无级变速　D. 变速范围宽且能无级变速

7. 圆弧插补指令G03 X　Y　R中，X、Y后的值表示圆弧的(　　)。

A. 起点坐标值　B. 终点坐标值　C. 圆心坐标相对于起点的值

8. 在数控铣床的(　　)内设有自动松拉刀装置，能在短时间内完成装刀、卸刀，使换刀较方便。

A. 主轴套筒　B. 主轴　C. 套筒　D. 刀架

9. 数控系统所规定的最小设定单位就是(　　)。

A. 数控机床的运动精度　B. 机床的加工精度

C. 脉冲当量　D. 数控机床的传动精度

10. G00指令与下列的(　　)指令不是同一组的。

A. G01　B. G02，G03　C. G04

11. 切削用量是指(　　)。

A. 切削速度　B. 进给量　C. 切削深度　D. 三者都是

12. 球头铣刀与铣削特定曲率半径的成型曲面铣刀的主要区别在于：球头铣刀的半径通常(　　)加工曲面的曲率半径，成型曲面铣刀的曲率半径(　　)加工曲面的曲率半径。

A. 小于　等于　B. 等于　小于

C. 大于　等于　D. 等于　大于

13. 下列G代码中，非模态的G代码是(　　)。

A. G17　B. G98　C. G60　D. G40

14. 加工中心和数控铣镗床的主要区别是加工中心(　　)。

A. 装有刀库并能自动换刀　B. 加工中心有二个或两个以上工作台

C. 加工中心加工的精度高　　　　　　　D. 加工中心能进行多工序加工

15. 采用数控机床加工的零件应该是(　　)。

A. 单一零件　　　B. 中小批量、形状复杂、型号多变　　　C. 大批量

16. G02　X20　Y20　R-10　F100；所加工的一般是(　　)。

A. 整圆　　　B. 夹角≤180°的圆弧　　　C. 180° < 夹角 < 360°的圆弧

17. 当加工一个外轮廓零件时，常用G41/G42来偏置刀具。如果加工出的零件尺寸大于要求尺寸，只能再加工一次，但加工前要进行调整，而最简单的调整方法是(　　)。

A. 更换刀具　　　　　　　　　　　B. 减小刀具参数中的半径值

C. 加大刀具参数中的半径值　　　　D. 修改程序

18. 辅助功能中表示无条件程序暂停的指令是(　　)。

A. M00　　　B. M01　　　C. M02　　　D. M30

19. 数控机床的“回零”操作是指回到(　　)。

A. 对刀点　　　B. 换刀点　　　C. 机床的零点　　　D. 编程原点

20. 为减小工件淬火后的脆性，降低内应力，对工件应采取的热处理是(　　)。

A. 退火　　　B. 正火　　　C. 回火　　　D. 渗碳

21. 数控机床加工调试中遇到问题想停机应先停止(　　)。

A. 冷却液　　　B. 主运动　　　C. 进给运动　　　D. 辅助运动

22. 数控机床加工位置精度高的孔系零件时最好采用(　　)。

A. 依次定位　　　B. 同向定位　　　C. 切向进刀　　　D. 先粗后精

23. 工件夹紧的三要素是(　　)。

A. 夹紧力的大小，夹具的稳定性，夹具的准确性

B. 夹紧力的大小，夹紧力的方向，夹紧力的作用点

C. 工件变形小，夹具稳定可靠，定位准确

D. 夹紧力要大，工件稳定，定位准确

24. 下列关于G54与G92指令说法中不正确的是(　　)。

A. G54与G92都是用于设定工件加工坐标系的

B. G92是通过程序来设定加工坐标系的，G54是通过CRT/MDI在设置参数方式下设定工件加工坐标系的

C. G92所设定的加工坐标原点是与当前刀具所在位置无关

D. G54所设定的加工坐标原点是与当前刀具所在位置无关

25. 在G43　G01　Z15.0　H15语句中，H15表示(　　)。

A. Z轴的位置是15　　　　　　　　B. 刀具表的地址是15

C. 长度补偿值是15　　　　　　　　D. 半径补偿值是15

26. 切削时的切削热大部分由(　　)传散出去。

A. 刀具　　　B. 工件　　　C. 切屑　　　D. 空气

27. 通常用球刀加工比较平缓的曲面时，表面粗糙度的质量不会很高。这是因为(　　)而造成的。

A. 行距不够密　　　　　　　　　　B. 步距太小

C. 球刀刀刃不太锋利　　　　　　　D. 球刀尖部的切削速度几乎为零

28. 机床夹具，按(　　)分类，可分为通用夹具、专用夹具、组合夹具等。

A. 使用机床类型　　B. 驱动夹具工作的动力源

C. 夹紧方式　　D. 专门化程度

29. 欲加工 φ6H7 深 30mm 的孔，合理的用刀顺序应该是(　　)。

A. φ2.0 麻花钻，φ5.0 麻花钻、φ6.0 微调精镗刀

B. φ2.0 中心钻、φ5.0 麻花钻、φ6H7 精铰刀

C. φ2.0 中心钻、φ5.8 麻花钻、φ6H7 精铰刀

D. φ1.0 麻花钻，φ5.0 麻花钻、φ6.0H7 麻花钻

30. G65 指令的含义是(　　)。

A. 精镗循环指令　　B. 调用宏指令

C. 指定工件坐标系指令　　D. 调用程序指令

三、简答题(每小题 5 分，满分 20 分)

1. 刀具补偿有何作用?

2. 什么是机床原点、机床参考点和编程原点?

3. 什么是顺铣，什么是逆铣?

4. 根据图 1，读懂程序，在空白括弧中填写对应程序的注释(5 分)。

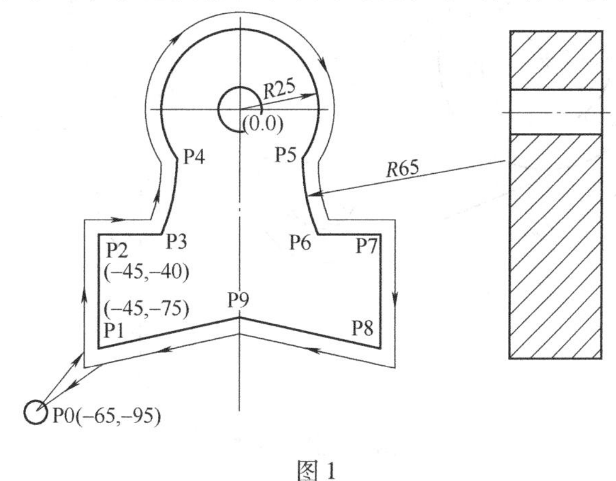

图 1

G92　X0　Y0　Z0；——(　　)

G90　G00　X-65.0　Y-95.0　Z300.0；——(　　)

G43　G01　Z-15.0　S800　M03　H01；——(　　)

G41　G01　X-45.0　Y-75.0　D05　F120.0；——(　　)

Y-40.0　X-25.0；

G03　X-20.0　Y-15.0　I-16.0　J25.0；——(　　)

G02　X20.0　I20.0　J15.0；

G03　X25.0　Y-40.0　I65.0　J0；

G01　X45.0；

Y-75.0；

X0　Y-65.0；

X-45.0　Y-75.0；

G40　X-65.0　Y-95.0　Z300.0；

M02；

四、编程题(满分20分)

如图2所示为拐臂零件。毛坯材料为45钢，上下表面已精铣，轮廓已粗铣。(编程原点取上表面上φ50孔的圆心)

1. 列出所用刀具和加工顺序

2. 编制孔加工程序

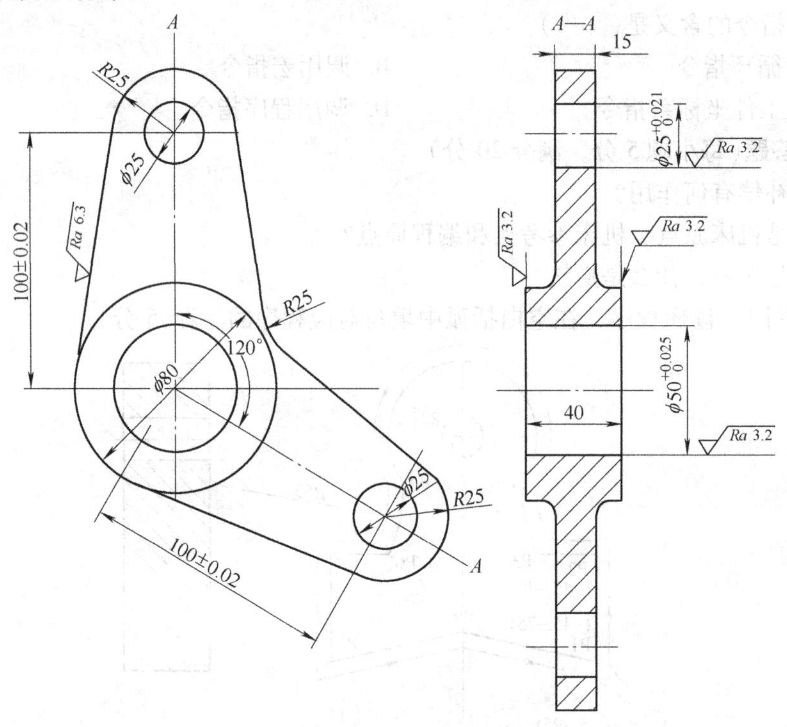

图2　拐臂零件

数控车床工(中级)理论试卷(A卷)答案

一、判断题:(在对的题后括号内打“√”，错的打“×”，共30分)

1. √; 2. √; 3 √; 4. √; 5. ×; 6. ×; 7. √; 8. ×; 9. ×; 10. √; 11. √; 12. √; 13. √; 14. √; 15. √;

二、填空题:(每题3分，共20分)

1. 长对正、高平齐、宽相等; 2. 反馈; 3. 间隙、过渡、过盈; 4. 滞后; 5. 重合; 6. 程序编制; 7. 三角函数、平面解析几何; 8. 450mm/min; 9. 检测(反馈)装置; 10. 参数Par。

三、选择题:(将正确答案的代号填入空格内，每小题2分，共20分)

1. C; 2. D; 3. D; 4. B; 5. A; 6. B; 7. B; 8. C; 9. A; 10. B。

四、问答题:(每小题5分，共10分)

1. 在制定机械间隙补偿方案中的编程补偿法的作用是什么? 主要采用哪些方法。

答: a. 主要是针对不同的加工零件，通过对加工程序的处理，以不同的方法消除或减少数控车床机械间隙对零件加工精度的影响。

b. 主要采用编程实加法和编程走刀线路法两种。

2. 工艺准备工作包括哪些主要内容? 为什么说分析零件图样是工艺准备首要内容?

答: 工艺准备工作包括以下内容:

①分析零件图样; ②数控车床刀具的选择; ③工件的装夹

④加工手段的选择; ⑤有关数据的测定

因为工件图样包括工件轮廓的几何条件、尺寸、形状位置公差要求，表面粗糙度要求，毛坯、材料与热处理要求及件数要求，这些都是制定合理工艺所必须考虑的，也直接影响到零件加工程序的编制及加工的结果。所以分析零件图是工艺准备中的首要工作。

五、编程题:(本题20分; 根据要求作答，要求字迹工整; 不答不给分)

答案略

数控车床工(中级)理论试卷(B卷)答案

一、填空(每空1分，共20分)

1. 定位；2. W18Cr4V；3. 切削深度、进给量、切削速度；4. 待加工、前；5. 冷却、乳化液；6. 乳化液、切削油；7. 主运动、进给运动、进给运动；8. 中小、复杂、自动化；9. 高；10. 90°；11. 偏离

二、单选(每题2分，共30分)

D　A　C　C　C　C　C　C　C　C　A　B　C　B

三、判断(每题1分，共16分)

×　✓　×　✓　×　✓　✓　×　×　✓　✓　✓　✓　✓　✓　×

四、名词解释(每题4分，共12分)

1. 计算机群控，由一台计算机直接管理控制一群数控机床。

2. 自动计算机刀具中心轨迹，使其自动偏移零件轮廓一个刀具半径值，这种自动偏移计算即刀具半径补偿

3. 硬质合金是用硬度和熔点很高的碳化合物和金属粘接剂高压压制成型后，再高温烧结而成的粉末冶金制品。

五、简答(每题6分，共12分)

1. 答：(1)工序卡。(2)刀具调整单(刀具卡、刀具表)；(3)机床调整单；(4)数控加工程序单

2. 答：(1)伺服定位精度(包括电动机、电路、检测元件)；(2)机械传动精度；(3)几何定位精度(包括主轴回转精度、导轨直线平行度、尺寸精度)；(4)刚度

六、计算题(10分)

答：因为，L = 1200mm，$\triangle T = T2 - T1 = 61° - 21° = 40$，$a = 11.5 \times 10^{-6}$℃$^{-1}$

$L = aL\triangle T = 15.5 \times 10^{-6} \times 1200 \times 40 = 0.552$

所以，这根轴的热变形伸长量为0.552。

加工中心操作工中级工理论知识试题答案

一、判断题(第1～30题。将判断结果填入括号中。正确的填“√”，错误的填“×”。每题1.0分。满分30分)

1～10　√　×　×　×　√　×　×　×　√　√

11～20　×　√　×　×　√　√　×　×　×　×

21～30　√　√　×　√　×　×　×　×　×　√

二、选择题(第1～30题。选择正确的答案，将相应的字母填入题内的括号中。每题1.0分。满分30分)：

1～10　C　B　B　C　B　C　B　B　C　C

11～20　D　A　C　A　B　C　B　A　C　C

21～30　B　B　B　C　B　C　D　B　C　D

三、简答题(第1～4题，每小题5分，满分20分)

1. 答：刀具补偿作用：简化零件的数控加工编程(2分)，使数控程序与刀具半径和刀具长度尽量无关(1分)，编程人员按照零件的轮廓形状进行编程(1分)，在加工过程中，CNC系统根据零件的轮廓形状和使用的刀具数据进行自动计算，完成零件的加工(1分)。

2. 答：机床原点是机床制造商设置在机床上的一个物理位置，是数控机床的基准位置，用于使机床与控制系统同步，建立测量机床运动坐标的起始点。其位置是各坐标轴的正向最大极限处。

机床参考点是机床制造商在机床上用行程开关设置的一个物理位置，与机床原点的相对位置是固定的，机床出厂前由机床制造商精密测量确定。

编程原点是编程人员在数控编程过程中定义在工件上的几何基准点。以此原点作为工件坐标系的原点。

3. 答：顺铣：铣削时，铣刀切入工件时切削速度方向与工件进给方向相同，这种铣削称为顺铣。逆铣：铣削时，铣刀切入时切削速度方向与工件进给方向相反，这种铣削称为逆铣。

4. 答：G92　X0　Y0　Z0；——(设置程序原点)

G90　G00　X－65.0　Y－95.0　Z300.0；——(绝对坐标编程，快速移动到X－65、Y－95、Z300)

G43　G01　Z－15.0　S800　M03　H01；——(建立刀具长度补偿，刀补号H01，向下切深15mm主轴正转，转速800r/min)

G41　G01　X－45.0　Y－75.0　D05　F120.0；——(建立左补偿，补偿号D05，直线插补、进给速度120mm/min)

G03　X－20.0　Y－15.0　I－16.0　J25.0；——(逆圆弧到X－29、Y－15，起点相对圆心的坐标I－60、J25)

四、编程题(满分 20 分)

解：刀具选用见下表：

序号	刀具类型	刀具号	刀具补偿号
1	中心钻	T02	D02
2	麻花钻	T03	D03
3	麻花钻	T04	D04
4	镗孔刀	T05	D05
5	铰刀	T06	D06

加工顺序如下：

钻定位孔→钻安装孔→钻销孔→镗安装孔→铰销孔

具体程序如下：（本编程采用 MITSUBISHI M70V 系统）

```
O0001;
G0  G28  G91  Z0
M06  T2;                                T02 号刀(钻定位孔)
G0  G90  G54  X0  Y0;                   建立工件坐标系
S900  M03;
G43  G00  Z50  D2;
M08;
G98  G81  X0  Y0  Z-4  R2  F80          定位并定义固定循环
X0  Y100  Z-16.5  R10
X84.419  Y-49.979;
G80
M05  M09;
G00  Z20;
G00  X0  Y0;
M06  T3;                                T03 号刀(钻安装孔)
S450  M03;
G43  G00  Z30  H3;
M08;
G98  G83  X0  Y0  Z-48  R2  Q3  F45;    定位并定义固定循环
G80;
M05  M09:
G00  Z20;
G00  X0  Y0;
M06  T4;                                T04 号刀(钻销孔)
S450  M03;
G43  G00  Z30  H4;
```

```
M08;
G98  G81  X0  Y100  Z-33  R-10  Q3  F45;
X84.419  Y-49.979;
G80;
G00  Z20;
G00  X0  Y0;
M05  M09;
M06  T5;                                   T05号刀(镗安装孔)
S450  M03;
G43  G00  Z30  H5;
M08;
G98  G86  X0  YO  Z-42  R2  F45;
G80;
G00  Z20;
G00  X0  Y0;
M05  M09;
M06  T6;                                   T06号刀(铰销孔)
S30  M03;
G43  G00  Z30  H6;
M08;
G98  G85  X0  Y100  Z-30  R-10  F10;
X84.419  Y-49.979;
G80;
G00  Z20;
G00  X0  Y0;
M05  M09;
M30;
```

参 考 文 献

[1] 傅能展. CNC 综合切削中心机程式设计[M]. 台北：全华科技图书股份有限公司，2006.

[2] 李郝林，方键. 机床数控技术[M]. 北京：机械工业出版社，2003.

[3] 沈金旺. 综合切削中心机程式设计与应用[M]. 台北：全华科技图书股份有限公司，2005.

[4] 张君. 数控机床编程与操作[M]. 北京：北京理工大学出版社，2010.

[5] 韩鸿鸾，何全民. 数控车床的编程与操作实例[M]. 北京：中国电力出版社，2006.

[6] 杜家熙，苏建修. 数控机床编程与操作[M]. 北京：机械工业出版社，2009.

[7] 朱立初. 数控机床编程加工[M]. 北京：化学工业出版社，2010.

[8] 孙强. 数控机床操作实习 B 实习指导书(MITSUBISHI E60、E68 系统). 南京工程学院，2010.

[9] 三菱数控系统 M700V/M70V 系列编程说明书(M 系). 三菱电机株式会社，2011.

[10] 三菱数控系统 M700V/M70V 系列使用说明书(M 系). 三菱电机株式会社，2011.

[11] Suk-HwanSuh，Seong-Kyoon Kang. Theory and Design of CNC Systems. Spronger. com，2008.

[12] 韩鸿鸾. 数控机床应用基础[M]. 济南：山东科学技术出版社，2001.

[13] 胡育辉. 数控机床编程与操作[M]. 北京：北京大学出版社，2008.

[14] 王志勇，翁讯. 数控机床与编程技术[M]. 北京：北京大学出版社，2008.

[15] 张思弟，贺曙新. 数控编程加工技术[M]. 北京：化学工业出版社，2005.